Rheinisch-Westfälische Akademie der Wissenschaften

Geisteswissenschaften Vorträge · G 174

TILEMANN GRIMM

Chinas Traditionen im Umbruch der Zeit

Westdeutscher Verlag · Opladen

Gemeinsame Sitzung der Klasse für Geisteswissenschaften und der Klasse für Natur-, Ingenieur- und Wirtschaftswissenschaften am 23. September 1970 in Düsseldorf

ISBN-13: 978-3-531-07174-9 e-ISBN-13: 978-3-322-85459-9
DOI: 10.1007/978-3-322-85459-9

Gesamtherstellung: Westdeutscher Verlag GmbH

Inhalt

In Analyse und Bewertung der Rolle, welche die Volksrepublik China in der Weltpolitik spielt, ist seit den sechziger Jahren ein Wandel der Perspektive eingetreten, den man, etwas vergröbert, als Ablösung der sowjetologischen Perspektive durch eine wieder mehr sinologisch orientierte Betrachtungsweise bezeichnen kann. Dies gilt nicht zuletzt von jenen Ereignissen, die unter dem Namen „Kulturrevolution" der übrigen Menschheit ein Vexierbild chaotischer Selbstzerstörung zu bieten schienen angesichts einer politischen Lage, die vis-à-vis Vietnam allen Anlaß zu innerer Geschlossenheit und kluger Außenpolitik geboten hätte. Die vorschnelle Fixierung des kommunistischen Negativbildes im Sinne gleichsam eines Super-Stalinismus hat sich auf längere Sicht jedoch nicht halten lassen. Im Gegenteil, die nach und nach dichter werdenden Informationen deuteten auf Abbau von administrativer Gewalt, Verlagerung der Macht in regionale und lokale Einheiten, Einbeziehung neuer Möglichkeiten von Mitbestimmung und Teilhabe, dazu Bilder eines quasi religiösen Aufbruchs vor allem in der jungen Generation, die bestürzend fremdartig wirkten – kurz: dem Vorgang einer überraschenden Öffnung nach außen seit dem Frühjahr 1971 geht ein anderer voraus, wonach eine 750 Millionen Menschen umfassende, immer noch vorindustrielle Gesellschaft ihren Platz in der wissenschaftlich-technischen Welt offenbar nach durchaus eigenen, chinesischen Voraussetzungen zu gewinnen und zu behaupten sucht. Die vor allem nach außen gerichtete begleitende Propaganda, die den inneren Zusammenhang mit den marxistisch-revolutionären Traditionen Europas betont, sollte auch als Element im Selbstbehauptungswillen der alt-neuen chinesischen Führung gesehen werden.

Der nachfolgende Beitrag* zur Diskussion der historischen Bedingungen

* Dieser Beitrag stellt die umgearbeitete Fassung eines am 23. 9. 1970 in Düsseldorf vor den beiden Sektionen der Rheinisch-Westfälischen Akademie der Wissenschaften unter diesem Titel gehaltenen Vortrages dar. Die im Anschluß wiedergegebenen Auszüge aus dem Diskussionsprotokoll greifen nur solche Beiträge heraus, die zur Fragestellung dieses Referates kritisch Stellung genommen haben. Herrn M. Steiners Anliegen der genaueren Unterbauung der Hauptthese von einer chinesischen Kulturkonstante ist in dieser umgearbeiteten Fassung Rechnung getragen. Zum Thema vgl. vom Verfasser noch weitere Beiträge: Tradition und Revolution in China. Überlegungen zur Konsistenz asiatischer

für diesen Versuch ist Bestandteil einer weltweiten Diskussion von Kulturwandel überhaupt. Er unternimmt es, aus der noch einmal zu resumierenden Betrachtung der wichtigsten Phasen des Untergangs von Kulturtraditionen deren mögliches Weiterwirken abzuleiten, und zwar in dem Sinne, daß auf ein allen Traditionen ebenso wie den gegenwärtigen kulturell relevanten Phänomenen gemeinsames Substrat geschlossen wird, welches in der bisherigen Kulturwandeldiskussion zwar nicht geleugnet, jedoch in der Regel als Hemmfaktor des Wandels (cultural lag) eingeschätzt worden ist. Das wissenschaftliche Problem, das sich damit stellt, läßt sich etwa so formulieren: Bedeutet „Modernisierung" im Sinne des Aufbaus der wissenschaftlich-technischen Welt unausweichlich „Verwestlichung", oder ist die Lösung dieser Frage auch so denkbar, daß die Übernahme wissenschaftlich-technischer Methoden kulturell sich auch als „Veröstlichung" ansprechen läßt?

Das dies nicht einfach als polemische Entgegensetzung gedacht ist, sei einmal unterstellt. Der Ernst dieser Frage ergibt sich nämlich dann, wenn man den letztgenannten, durchaus ad hoc gebrauchten Begriff, nicht als bloße Beibehaltung traditioneller Kulturmotivationen versteht, wie noch etwa Richard Wilhelm tun zu können geglaubt hat, sondern wenn man eine schöpferische Weiterentwicklung auf der *Basis* des bisherigen kulturellen Zusammenhangs, den man nur anders zu definieren hätte, für möglich hält. Ist man geneigt, dieser Fragestellung für eine Weile nachzugehen, dann hat man sich auf das Thema dieses Beitrages eingestellt.

Das Thema ist nicht neu. Strenggenommen steht es seit Franz Xaver (1506 bis 1552) und Matteo Ricci (1552–1610), also seit rund vier Jahrhunderten auf der Tagesordnung[1]. Aber dieses Thema bietet sich immer wieder neu an, weil eine abschließende Behandlung noch nicht, vielleicht überhaupt nicht möglich ist angesichts der Dauer und der Tragweite, die es hat. Wir sprechen von Kultur-wandel und meinen damit in der Regel Kultur und Kulturen außerhalb des christlich-abendländischen Bereichs, für den Begriffe wie Epochenwandel, Wandel des Zeitgeistes oder des zeitgenössischen Ge-

Traditionen, in: Historische Zeitschrift, H. 204/1 (Febr. 1967), 79–103; Über das Problem des Weiterwirkens traditioneller Elemente im kommunistischen China, in: Festschrift für Leo Brandt, Köln/Opladen 1969; Die Kulturrevolution in China – eine Revolution der Kultur?, in: Das Gespräch über fremde Staaten, Völker und Kulturen, H. 3: China auf zwei Wegen, Hannover 1969, 72–87; Technik und Humanisierung im Blickpunkt des chinesischen Kommunismus, für: Marxismus-Studien. Siebente Folge, Tübingen 1971 (im Druck).

[1] Vgl. die anregende Diskussion des Christianisierungsproblems bei Etiemble, Les Jésuites en Chine (1552–1773). La querelle des rites, Paris 1966 (Juillard, Coll. Archives); gerade die Akkomodationsmethode M. Riccis hat für die Thesen dieses Beitrages Bedeutung, s. Johannes Bettray S. V. D., Die Akkomodationsmethode des P. Matteo Ricci S. I. in China, Rom 1955.

schmacks u. a. reserviert zu sein scheinen, auch wenn Veränderungen in der gesamten Kultursphäre vor sich gehen. Heute jedenfalls betrifft der Kulturwandel, von dem wir reden, offensichtlich die gesamte Menschheit. Die bisherigen Kulturgrenzen sind offener geworden, bestimmte Erscheinungsformen eines neuen Weltverständnisses, einer neuen Lebenseinstellung und einer neuen Ästhetik treten rund um den Erdball auf, die Völker begegnen sich nicht nur neu, sie berühren, umgreifen und durchdringen sich, es scheint sich in der Tat eine neue Welt-Kultur zu bilden.

Chinas Stellung in diesem Neuwerdungsprozeß ist in jeder Hinsicht merkwürdig. Es schließt sich ab, es sucht die Erneuerung aus einer eigenen Mitte und wirkt gerade dadurch weit hinaus in die übrige Welt und nicht nur dadurch, daß es von draußen hereingekommene Thesen vertritt, sondern daß es dies auch in einer befremdlich eigenen Weise tut, macht ein gut Teil der Faszination aus. Die Vorgänge, die unter dem Begriff der „Kultur-Revolution" bekanntgeworden sind, haben nicht viel zur Klärung unseres Themas beigetragen, sie haben uns eher noch mehr Fragen aufgegeben. Indem wir hören, daß alle etwa noch vorhandenen Reste von traditionellen Bewußtseins- und Verhaltensformen gründlich ausgemerzt werden und zugleich der Hauptfeind im Lande mit Begriffen wie Bourgeoisie und Kapitalismus bezeichnet wird, so als habe man sich längst von seinen kultursoziologischen Grundlagen entfernt, indem wir dies hören, erkennen wir doch wieder eigentümliche, anscheinend unbewußte Anknüpfungen an längst Totgeglaubtes: Maos ausgewählte Worte wirken in der Form und oft genug im Inhalt wie alte Spruchweisheit; die Unbedingtheit, mit der auf rechter Gesinnung und rechter Lebensführung bestanden wird, würde den Beifall orthodoxer Konfuzianer gefunden haben; zuerst der Mensch und dann die Technik – wem fiele bei dieser Maoschen Maxime nicht die Formel von 1898 ein, nach der die chinesischen, sprich: konfuzianischen Studien die Substanz bilden und die westlichen, sprich: technologischen Studien nur zum praktischen Gebrauch bestimmt sein sollten, womit schon damals die Lösung aus dem Dilemma zwischen Tradition und moderner Welt gesucht wurde? „Lebendig zu studieren und lebendig zu praktizieren", forderte der präsumtive Nachfolger Maos von den jungen Rotgardisten, kaum anders als zahlreiche konfuzianische Moralisten seit vielen Jahrhunderten, ja seit Konfuzius das gefordert haben [2]. Auch wenn dies eher formale Kriterien sind: Wirkungsweise, Unbedingtheit des moralischen Appells, Distanz zur Technik, Praxisbezogenheit,

[2] Auch die buddhistische Meditationsschule des Zen läßt sich hier anführen, die dem unmittelbaren Zugang zur Praxis des Lebens vor dem Bücherstudium den Vorrang gegeben hat, vgl. Wilhelm Gunderts Bi-Yän-Lu, 2 Bde., München 1964 u. 1967.

so deutet sich doch ein Kontinuum an, das einer genaueren Untersuchung wert ist.

Man sollte sich freilich nicht täuschen lassen: China befindet sich in einem irreversiblen Prozeß der Dynamisierung, alte Bindungen familiärer oder lokaler Art lösen sich, die „Massen“ werden zu einem Begriff, der sich zunehmend mit Realität auffüllt, was nicht bedeuten muß, daß der Mensch hier endgültig kollektiviert werde, Anzeichen für Individualisierung aus Masseneinsamkeit fehlen nicht; da ist die moderne Technik, die ihre Eigengesetzlichkeit entfaltet, auch wenn viele Großvorhaben immer noch durch Masseneinsatz von Handarbeit bewältigt werden; da ist die neue Ideologie, die sich zwiespältig auswirkt, wie wir gesehen haben, die aber doch die gesamte chinesische Gesellschaft in eine Zukunftsperspektive hineinnimmt wie das noch nie zuvor geschehen war.

Doch hat dies alles ja nicht erst vorgestern begonnen, vielmehr ist der Erneuerungsprozeß Chinas bereits ein Stück Geschichte geworden, d. h. er hat mehrere Generationen neben- und hintereinander betroffen, die sich je nach ihren Voraussetzungen und Umweltbedingungen darauf einzustellen versucht haben. Unser Thema ist mithin auch und nicht zuletzt ein historisches Thema, weil d. V. von der Überzeugung ausgeht, daß das Heute und das Einst in dem uns vorliegenden Fall besonders eng verklammert sind. Der Umbruch der Zeit erstreckt sich hier über mehr als ein Jahrhundert. Die neuere Geschichte Chinas ist ihrem Inhalt nach die Geschichte seiner Erneuerung.

Die spezielle Frage, die sich für unser Thema ergibt, geht zunächst auf eine Abgrenzung der in den Plural gesetzten Traditionen, denn es leuchtet ein, daß auch Hochzeitsriten, die modische Sitte der verkrüppelten Füße und dörfliche Kultfeste, um beliebige Beispiele herauszugreifen, Traditionen genannt werden können, die zu dem spezifischen Ausdruck von chinesischer Kultur gehören. Andererseits wird man unter Traditionen auf Anhieb eher die hochkulturellen Erscheinungen wie religiöse, philosphische und ästhetische Traditionen verstehen, die in der Begegnung mit anderen Kulturen als hauptsächliche Erscheinungsform der eigenen Kultur auftreten und verstanden werden. Das wären in unserem Fall die drei großen Traditionen des Konfuzianismus, des Taoismus und des Buddhismus. Dazu zählt auch die wesentlich visuell wirkende Ausdrucksform des Ästhetischen – wo Bilder „geschrieben“ werden, wo Kalligraphie ein Stück höherer Bildung ist; Klang und Rhythmus haben freilich sehr viel mehr, als oft angenommen wird, den ästhetischen Ausdruckswert mitbestimmt, wie uns die einzigartige chinesische Lyrik dreier Jahrtausende nachdrücklich belehrt. Schließlich ist die chinesische auch noch eine reiche musikalische Kultur.

Es verrät uns aber die häufige Rede vom „traditionellen" China, daß aber mehr gemeint sein muß als nur Chinas religiöse und philosophische Traditionen, nämlich System und Ausdrucksform der ganzen chinesischen Gesellschaft, wobei zunächst allerdings die Oberschicht stärker ins Gewicht fällt. Konfuzianismus ist dann mehr als eine sozialethische Weisheitslehre, er bezeichnet die besondere Ordnung des chinesischen Staates und der chinesischen Gesellschaft bis in das zweite Jahrzehnt unseres Jahrhunderts; Taoismus äußert sich dann nicht nur als sublime Welt- und Lebensweisheit, sondern auch als literarische und vor allem als künstlerische Tradition der Tuschemalerei, außerdem als vielgestaltige Volksreligiosität; und der Begriff des Buddhismus deckt eine große Vielfalt religiösen Lebens im mittelalterlichen und auch noch im neuzeitlichen China von strenger Klosterzucht bis zu fröhlichen Volksfesten, von biederer Laienfrömmigkeit bis zu ausgetüftelten Definitionen des Nichts [3].

Dies ist nun unser Problem: wie läßt sich das Ungreifbare begreiflich, das der Abgrenzung sich Entziehende definit machen? Der chinesische Kulturbegriff hat immer etwas mit Zivilisation, vielleicht besser: Kulturation, zu tun, er setzt eine Gruppe von führenden Persönlichkeiten voraus, die den Wandel des menschlichen „Rohstoffes" *(sheng)* durch gesittete Form, und das *ist* der chinesische Kulturbegriff *(wen-hua)*, bewirken. Dabei bezeichnet das Wort für „Kultur" *(wen)* eine Skala von Inhalten, deren gemeinsamer Nenner etwas äußerlich Erkennbares ist: Zeichen, Form, Gestalt, so auch Schriftzeichen, Aufsatz, literarische Form, endlich schön, gebildet, zivil, im Gegensatz zum Militär. Die chinesische Zivilverwaltung stellte sich damit schon sehr früh unter den Begriff der Kultur. Personen, die unter friedlichen Bedingungen Bildung verbreiten unter Menschen, die ihrer bedürfen, sind der chinesischen Rangvorstellung nach die wichtigsten im Staat. Das Ideal im traditionellen China ist die Vereinigung von homme d'état und homme de lettre, von Fürst und weisem Mann, von administrativer Praxis und charismatischer Ausstrahlung. Wahres Königtum sollte vor allem geistige Wirkungen haben [4].

[3] Die Literatur zu den großen chinesischen Kulturtraditionen hat seit dem späten 17. Jh. begreiflicherweise stetig zugenommen, jüngere Politologen der Voegelin-Schule haben damit begonnen, ihr neue Aspekte abzugewinnen, vgl. Peter Weber-Schäfer, Oekumene und Imperium. Studien zur Ziviltheologie des chinesischen Kaiserreichs, München 1968; P. J. Opitz, Lao-tzu. Die Ordnungsspekulation im Tao-tê-ching, München 1967; und: Chinesisches Altertum und konfuzianische Klassik, hrsg. v. P. J. Opitz, München 1968.

[4] Der chinesische Philosoph Feng Yu-lan hat diese Einheit von Geist und Macht, Bewußtsein und Sein, aus chinesischer Tradition konfuzianischer und taoistischer Provenienz am treffendsten bezeichnet in: A History of Chinese Philosophy vol. II, Princeton 1953, 168 ff.

Bevor aber Gedanken und Absichten einzelner bedeutender Chinesen etwa der letzten hundert Jahre zu Wort kommen, die für die Veränderungen in China jeweils eine Schlüsselrolle gespielt haben, soll versucht werden, die übergreifende These für das hier gestellte Thema zu formulieren:

(1) der Vorgang des kulturellen Wandels in China sei von Anfang an als primär aus den inneren Voraussetzungen und Notwendigkeiten der chinesischen Gesellschaft erwachsen zu denken, so daß

(2) die Geschichte der chinesischen Traditionen im Umbruch der Zeit unter Einschluß der kommunistischen Phase als *ein* Vorgang zu sehen sei; folglich kommt es

(3) darauf an, zu zeigen, daß hochkulturelle sozialethische Normsysteme, seien sie mehr den Religionen oder den Philosophien zuzurechnen, als Überbauphänomene verstanden werden können [5], die nicht nur der Wandlung unterliegen, sondern auch gänzlich verschwinden können, während aus der Basis heraus, hier dem Menschen, der über die Jahrtausende vielfältig geformt und geprägt worden ist und der immer wieder mit frischen Kräften reagiert, neue Systeme entstehen können, die neuartigen Bedingungen der Existenz in dieser Welt besser entsprechen. Die menschliche Basis wäre dann als Konstante, die hochkulturellen Systeme als Variablen anzusehen.

Diese Hypothese setzt natürlich voraus, daß der Mensch durchaus nicht allein von seiner Arbeit, seiner Wirtschaftsweise bestimmt werde, sondern in einer permanenten psycho-physischen Anpassung an eine spezifische Umwelt zu einem spezifischen Wesen geformt worden sei. Das chinesische Beispiel jedenfalls scheint aufgrund seiner relativen Isolierbarkeit zu zeigen, wie eine menschliche Gruppe über Jahrzehntausende hin verhältnismäßig ungestört ihren eigenen Weg der permanenten Anpassung an die festländische Monsum-Umwelt Ostasiens gegangen ist und im Verlauf ihrer eigenen Geschichte besondere Verhaltens- und Denkweisen entwickelt hat, die dieser Menschengruppe eigen sind und tief genug lokalisiert sind, um wie Konstanten des gesellschaftlichen Verhaltens zu wirken.

Im folgenden soll:

(1) zunächst die historische Ausgangslage für das China des 19. Jahrhunderts skizziert werden,

(2) an drei Kulminationspunkten des Wandels der Vorgang der Reduktion auf die Basisschicht geschildert werden, und zwar

[5] Die Verwendung der Begriffe „Überbau“ und „Basis“ erfolgt in Anlehnung an Marx, ohne doch a priori auf das Ökonomische bezogen zu sein, wenngleich das Element „Wirtschaft“ vor allem als Agrarwirtschaft bei der Definition des kulturellen Substrats eine nicht unwesentliche Rolle spielen wird, s. u. „Merkmale“ chinesischer Kulturkonstanz.

(a) am Beispiel Tseng Kuo-fans im Bürgerkrieg gegen die Aufständischen der T'ai-p'ing-Bewegung um das Jahr 1860,
(b) an dem Beispiel der gescheiterten Reformer d. J. 1898, und
(c) am Beispiel der radikalen Neuerer aus der sog. Bewegung des 4. Mai 1919; und

(3) soll in der Schlußfolgerung nach einer Erklärung für das gewandelt-ungewandelte Phänomen China gesucht werden, die alle erkennbaren Anzeichen befriedigend einordnen kann.

Das Ganze ist als ein Versuch anzusehen, der sich an die bereits bekannten Erklärungsversuche der amerikanischen China-Wissenschaft, besonders der Harvard-Schule, und hier vor allem Joseph R. Levensons, anschließt, sie ergänzt und modifiziert [6].

1.

Welches ist die historische Ausgangslage? China schien im 18. Jahrhundert an das Ende seiner Möglichkeiten gelangt zu sein. Zweimal im Verlauf seiner Geschichte war das sinische Weltreich auf den ostasiatischen Raum beschränkt worden, i. J. 752 durch ein islamisches Heer westlich des Pamir, und gegen Ende des 13. Jh. durch den Zusammenbruch des mongolischen Weltreiches. Im 18. Jh. erreichte China noch einmal den Balchasch-See in Innerasien, die tibetische Grenze gegen Nepal und eine lose, von dem guten Willen lokaler Herrscher abhängige Oberhoheit über Teile Südostasiens, vor allem Annam (Vietnam), Laos und Birma.

Nach innen gewendet hatte die chinesische Verwaltung einen Stand der Perfektion erreicht, wie er im vor-technischen Zeitalter kaum noch überschritten werden konnte. Die Kräfte des Regionalismus waren in einer wohl balancierten Form in das zentralistische System eingebunden, welches der Kaiser Yung-cheng (1722–1736) noch einmal überholt und verbessert hatte. Auch das schwierige System der Doppelherrschaft durch landfremde Mandschu und Chinesen schien in einer annähernd befriedigenden Weise gelöst zu sein, wenngleich chinesischer Kulturstolz und das stets wache Mißtrauen der Mandschu sich immer wieder aneinander wund rieben. Dem Kaiser stand für die Gesetzgebung ein wohlorganisierter zentraler Apparat unter einem effizienten Obersten Thronrat zur Verfügung, die Exekutive besaß unter ihren Generalgouverneuren und Gouverneuren eine arbeitsfähige Provinzialbürokratie, die Armee stand mit ihrem schlagkräftigen Kern der Banner-

[6] Vgl. Joseph R. Levenson, Confucian China und its Modern Fate, 3 vols, Berkeley 1958, 1964, 1965.

truppen noch fest, die sich zu zwei Dritteln aus Mandschu und Mongolen zusammensetzten, und ein umfassender Kontrollapparat sorgte für das möglichst reibungslose Funktionieren des gesamten bürokratischen Apparates, dessen Personalbestand etwa 40 000 Menschen umfaßte. Trotzdem verbreitete sich durch Inkompetenz und Interessenkonflikte eine schleichende Korruption, die gegen Ende des 18. Jh. durch kolossale Unterschleife in der nächsten Umgebung des Kaisers tiefe Einbrüche in die Integrität des Beamtentums erzeugte.

Am schwächsten war das chinesische Reich in seinem ökonomischen Unterbau. Einige neue Feldfrüchte wie Mais und die Süßkartoffel hatten die Nahrungsdecke verstärkt, durch kürzer reifende Reissorten gelang es, die Ernten pro Jahr zu vervielfachen, aber die Bevölkerung wuchs rascher als die Nahrungsmittelproduktion, Importe für die Standard-Exportwaren Seide, Tee und Porzellan beschränkten sich auf Silber, Opium und Textilien. Seit der ersten Hälfte des 19. Jh. begann die Schere zwischen Bevölkerungswachstum und Nahrungsmittelproduktion mehr und mehr auseinanderzuklaffen, Hungersnöte wurden endemisch. Die soziale Organisation auf dem Land benachteiligte immer mehr Menschen. Die Abnahme der bäuerlichen Betriebsgrößen und das durch Importe gedrosselte Heimgewerbe führten zu wachsender Abhängigkeit von Pacht und Lohn. Häufiger werdende Hungerrevolten und deren Niederschlag verschärften den Konflikt auf dem Land. Neue industrielle Produktionen, die ausgleichend hätten wirken können, begannen kaum vor dem 20. Jh. und blieben lokal beschränkt auf die schmale Küstenzone und wirtschaftlich abhängig von dem dominierenden Handel und Anlagengeschäft der Fremden. China trieb langsam und mit tödlicher Sicherheit in eine allgemeine Depression hinein, aus der es sich mit den herkömmlichen Mitteln administrativer Maßnahmen nicht mehr herauswinden konnte.

Wie sah es nun auf dem Gebiet des kulturellen und geistigen Lebens aus? Die klassische Gelehrsamkeit feierte im 18. Jh. Triumphe. Kompilationen größten Ausmaßes sicherten den Bestand an Wissen und Erkenntnis auf allen Gebieten der Geisteswissenschaften, auch die Technologie und neuere mathematische und naturwissenschaftliche Kenntnisse fehlten nicht, hatten doch gelehrte Missionare des Jesuitenordens vor allem in der Periode zwischen 1670 und 1720 neue Kenntnisse ins Land gebracht, die sich mit einheimischen Kenntnissen und Erfahrungen glücklich ergänzten. Man kann nicht sagen, es habe in diesem Jahrhundert an geistiger Regsamkeit gemangelt. Alle literarischen und Mal-Stile der voraufgegangenen Jahrhunderte waren den Zeitgenossen zur Hand, mehr unter der Hand gab es auch sozialkritische Literatur im Medium einer volksnahen Sprache zu lesen. Das Bild eines in jener Zeit lebenden Literaten und Gelehrten wie Yüan Mei (1716–1798) zeigt einen brillanten und vielseitigen Poeten und Historiker, dessen Lebensführung durch Offenheit und Ungezwungenheit gekennzeichnet war, gleichwohl durchzittert von innerer Unruhe, die wie ein Fluchtversuch wirkt aus den vielfältigen Bindungen an die orthodoxe Moral, an herrscherliche Willkür und vor allem an die Immanenz einer durch und durch historisch und philosophisch ermeßbaren Welt, in der ein Sinn des Lebens allenfalls in den kleinen Freuden des Alltags gefunden werden konnte, seien dies erheiternde Begebenheiten im Familien- und Freundeskreis oder ein paar gelungene Gedichte [7]. Ich überspitze ein wenig: Die Grundfragen der Ontologie und der Anthropologie, wie sie im Konfuzianismus vorgegeben sind, konnten einen aufgeweckten Mann zu tieferem Durchdenken schon engagieren. Und Trost fand der geistige Mensch auch bei Laotse, der Rückkehr in die unverderbte Natur verhieß, oder auch in manchen Sätzen der buddhistischen Lehre, sei dies die den Menschen relativierende Perspektive des unendlich gedachten Seins, das in China meist negativ als das Nicht-Seiende *(wu)* umschrieben wurde, oder war es die Ausweitung des Mitleidens über die menschliche Gesellschaft hinaus zu allen Lebewesen, die aufgrund der Transmigrationslehre als Einheit alles Lebendigen und allen Leidens im Leben gesehen werden sollten und zur Vermeidung weiteren Leidens und zum Verdiensterwerb zu schonen und zu schützen waren. Wichtig aber war es vor allem, daß im chinesischen Kulturerbe bleibende Alternativen zum Konfuzianismus gegeben waren, die gerade für die nachfolgende Zeit der Umwertung geistiger Werte wieder belangvoll werden sollten [8].

Ein Grundton der Resignation ist jedenfalls unüberhörbar. Dies mag vordergründig die Folge der literarischen Inquisition in der zweiten Hälfte des Jahrhunderts gewesen sein, dahinter steckte aber auch ein kulturkritisches Problem. So wahr es ist, daß die drei großen Traditionen Chinas, nämlich Konfuzianismus, Taoismus und Buddhismus, im Laufe der Jahrhunderte eine gewisse Balance mit- und ineinander gefunden hatten, die seit dem 16. Jh. den Ruf nach Vereinigung der drei nicht mehr verstummen ließ, und so wahr es auch ist, daß diese Balance mit dazu beigetragen hat, daß der Islam in China zwar gegenwärtig, aber außerhalb der chinesischen Gesell-

[7] Vgl. Arthur Waley, Yuan Mei. Eighteenth Century Chinese Poet, London [2]1958.

[8] Für diesen Fragenkomplex ist J. R. Levenson, op. cit., eine Fundgrube, etwa: „The Confucianist Choice of a Buddhist Aesthetic" in: The Amateur Ideal in Ming and Early Ch'ing Society: Evidence from Painting, vol. I, 24 f., oder: „Interlude: Confucianism and the End of the Taoist Connection", ebd. 44 ff.; mit Bezug auf die wissenschaftliche Interessiertheit des klassischen chinesischen Bildungstypus vgl. „The Abortiveness of Empiricism in Early Ch'ing Thought", ebd. 3 ff.

schaft gehalten werden konnte, während das Christentum es äußerst schwer hatte, in dieselbe einzudringen – so sehr muß man auch den negativen Aspekt des in sich geschlossenen Kreises sehen, nirgends war Neues, die Welt schien sich langsam um sich selbst zu drehen, alle politischen und gesellschaftlichen Probleme hatte es schon einmal gegeben, die Bahnen des Denkens waren alle schon begangen, zum Kommentar fügte sich der Sub-Kommentar und der Querverweis. Seit 1750, konstatiert der heutige Kunstwissenschaftler, hat es keine neuen Formen der Malerei mehr gegeben [9], der Literaturhistoriker findet ein Zuendegehen möglicher poetischer Formen bereits im 14. Jh. [10]. Nicht, daß kein Drang bestanden hätte, neue Dimensionen der Sinneserfahrung und der künstlerischen Gestaltung zu gewinnen, aber der chinesische Geist dieser letzten Phase vor der Begegnung mit der modernen Welt schien sprachlich und philosophisch im Kreise zu gehen, das Zitat, die Spielerei mit Wort und Form, die Nachahmung überwogen, nur in einer Rückkehr zu den Quellen schien das noch mögliche Heil zu liegen, und selbst der Versuch zu unmittelbarer und lebensfrischer Darstellung unter Absehen von aller Gelehrsamkeit war nur ein erneuter Versuch in Anlehnung an zahlreiche voraufgegangene. Nur in zwei Richtungen bereitete sich vom herrschenden Zeitgeist Abweichendes vor, beides bezeichnenderweise negativ: in der Textkritik wurde die absolute Glaubwürdigkeit alter Texte und damit das festgefügte Gebäude der Orthodoxie erschüttert, und in der Hinwendung zur Praxis von Wirtschaft und Verwaltung vollzog sich eine innere Abkehr von esoterischen Spekulationen und literarischen Spielen. Allerdings formte sich positiv eine neue Generation, die sich aus eigenem kritischen Antrieb und ohne zu ahnen, was dies später in der Begegnung mit Europa bedeuten würde, für die Rezeption von Wissenschaft und Politik im modernen Sinn vorbereitete [11]. Der spätere westliche Impakt von aggressivem Handel und nicht minder aggressivem christlichen Bekehrungseifer wirkte sich darum belebend aus, China fand eine Herausforderung, die es zwang, sich von Grund auf neu zu besinnen [12].

Der Umbruch der Zeit läßt sich im Hinblick auf Chinas Traditionen und vorab auf Chinas bedeutendste und die Gesellschaft am tiefsten beeinflus-

[9] Vgl. hier die eindringenden Bemerkungen Roger Goeppers im ersten Kapitel seines wichtigen Werkes „Vom Wesen Chinesischer Malerei“, München 1962, außerdem bes. 226.

[10] Vgl. James J. Y. Liu, The Art of Chinese Poetry, Chicago 1962, p. XV: „Poems in Traditional forms written since the latter date (1350) have been largely imitative and seldom of prime importance.“

[11] Vgl. jedoch die kritischen Reflexionen J. R. Levensons, op. cit. vol. I, 7 f. (Abortiveness of Empiricism).

[12] Begriffsvorschlag d. Verf. nach Toynbee, vgl. d. Verf. Kultursoziologische Umrisse des alten China, in: Politische Bildung, Jg. 2, 2 (1969), S. 14.

sende Tradition des Konfuzianismus am besten dort erfassen, wo bestimmte Personen die Signale gesehen und durch Wort und Tat darauf zu reagieren versucht haben. Obwohl wir es hier, in der zweiten Hälfte des 19. Jh. und dem ersten Viertel des 20. Jh., durchweg mit jenem Komplex zu tun haben, den die amerikanische Sinologie „China's Response to the West" genannt hat, sei erneut betont, daß hier weniger das Augenmerk auf Chinas Antwort gerichtet ist als vielmehr auf „The Emergence of a New China" (um dem einen Buchtitel etwas sinngemäß anderes gegenüberzustellen).

2.

[a] Es folgt das erste Beispiel.

Wie kommt es, fragt man sich zuerst, daß auch heute noch die Stimmen um den 1811 geborenen und 1872 gestorbenen Generalgouverneur der Jangtse-Provinzen *Tseng Kuo-fan* aus der Provinz Hunan nicht schweigen? Wie, daß die Schwankungen seines Bildes in der Geschichte immer noch so kräftig ausschlagen, vom Vaterlandsretter hier zum Volksverräter dort – weit stärker, als das bei dem Bilde Bismarcks der Fall ist, der ungefähr in der gleichen Zeit zur weltpolitischen Figur wurde? Natürlich war Bismarcks Leistung die erfolgreiche Begründung eines neuen Staates, während Tsengs Sieg über die Taiping nur einen alten Staat, und auch das nur vorübergehend, abstützen konnte, Bismarck eröffnete ein neues Zeitalter, Tseng schloß eher eine zu Ende gehende Epoche ab. Ob dies so ganz richtig ist, werden wir noch sehen, wichtig ist zunächst einmal, daß um die Mitte des vorigen Jahrhunderts China die Schicksalsfrage gestellt war, Umsturz oder Erhaltung standen auf des Messers Schneide, und in Tseng trat ein Mann hervor, der zwischen den Extremen stand, daher notwendig wurde und gerade deshalb vielleicht sogar der Begründer einer neuen Dynastie hätte werden können. Manche haben ihm verübelt, daß er diesen Schritt, der 1860 so nahe lag, nicht getan hat.

Tseng hat die rebellierenden und halb China in ein Chaos stürzenden Taiping vernichtend geschlagen und damit die volksfremde Mandschu-Dynastie, deren Auftrag schon zu schwinden schien, gestützt und gestärkt [13]. Das hat ihm den Haß aller späteren Revolutionäre sunyatsenistischer, anderweitig nationalistischer oder kommunistischer Richtung eingetragen. Tseng

[13] Eine neuere Monographie zu Tseng Kuo-fan liegt noch nicht vor, die beste Zusammenfassung findet sich immer noch in Mary C. Wright, The Last Stand of Chinese Conservatism. The T'ung-chih Restoration, 1862–1874, Stanford ²1962, 73 ff. (zu Tseng) u. 96 ff. (zur Niederschlagung des Aufstands).

hat die Konsolidierung der verheerten Provinzen nicht zuletzt dadurch zuwege gebracht, daß er die landbesitzende Oberschicht in ihrer Stellung befestigte, Grund genug, um seinen Namen in neuerer Zeit mit dem Begriff „Konterrevolution" in Verbindung zu bringen [14]. Tseng ist aber auch der erste chinesische Hochbeamte traditionellen Zuschnitts gewesen, der sich der modernen Technologie zuwandte, der Dampfschiffe in eigener Regie bauen und beim Waffenarsenal in Shanghai eine Schule für Techniker einrichten ließ und der kurz vor seinem Tod noch die Entsendung chinesischer Studenten in die USA befürwortet hat, Grund genug, um das Mißfallen von Erzkonservativen zu erregen und bis heute den Vorwurf der Fremdenhörigkeit aufrechtzuerhalten [15].

Ein Mann, der im Krisenjahr 1860 zu Großem berufen wurde, als halb China in der Agonie des Bürgerkrieges lag und die Fremden die Hauptstadt besetzten und brandschatzten, mußte, wenn er hellhörig genug war, die Krise auch in seiner eigenen Brust empfinden. Er kannte die Indolenz und Korruption in den herrschenden Kreisen, den Egoismus und Formalismus in den herkömmlichen sozialen Beziehungen. Er mußte sich fragen, und er hat sich gefragt, wie man noch Konfuzianer sein könne in einer Welt, die nicht mehr stimmte, angesichts eines von fremden Lehren angetriebenen Aufstandes, der die herrschende Dynastie beinahe gestürzt hätte, und angesichts der fremden Mächte, die offenbar imstande waren, mit China zu verfahren wie ihnen beliebte. Tseng Kuo-fan hat für sich und als Beispiel auch für seine Zeitgenossen den Weg gefunden. Er führte in Übereinstimmung mit seiner Zeit zu den Quellen konfuzianischer Weltanschauung und Lebenseinstellung, aus denen er neue Sicherheit zu schöpfen wußte; zuvor aber noch eine kurze konfuzianische Standortbestimmung.

Man kann das traditionelle China in seiner Spätphase wohl als ein konfuzianisches bezeichnen. Obwohl es nicht so ist, daß der Konfuzianismus nicht auch über die Grenzen Chinas hinausgewirkt habe, Korea, Japan und Vietnam sind sogar nachhaltig von ihm beeinflußt worden, so identifizieren wir ihn doch vorab mit seinem Ursprungsland China, anders als sich das mit dem Buddhismus und Indien verhält, wo der Buddhismus gerade nicht zu beständigerer Wirkung gelangt ist, die das Mittelalter überdauert hätte. Konfuzius ist eine historische Gestalt, aber er ist kein Religionsstifter. Er hat

[14] Als Beispiel diene die aus dem Russischen übersetzte chinesische Darstellung der neueren Geschichte Chinas von Fan Wön-lan, Darmstadt (Liz.-Ausg.) o. D., 161 u. passim. Im Gegensatz dazu vgl. Chiang Kai-sheks spätere Wertschätzung Tsengs, s. Mary C. Wright, From revolution to restoration: the transformation of Kuomintang ideology, in: Far Eastern Quarterly 14 (1955), 515 ff.

[15] Bei Fan Wön-lan loc. cit., 265: „Verräter am chinesischen Volk".

vielmehr eine bestimmte Lebenshaltung geprägt, um zur „Regulierung“ einer aus den Fugen geratenden Welt beizutragen. Er war der erste, von dem wir wissen, daß er fragende Schüler um sich versammelte und eine Atmosphäre warmer Menschlichkeit und fragenden Bemühens um Wertbegriffe auszustrahlen vermochte, die ihn in China schließlich zum „obersten Lehrmeister aller Zeiten“ werden ließ. Es ging darum, spezifische Werte zu allgemeinen zu machen, die über ihren eigentlichen Anwendungsbereich in der Familie, der Lehrgemeinschaft und der fürstlichen Hofgesellschaft hinaus in einer größeren Volks- und Lebensgemeinschaft Gültigkeit haben könnten. Hierbei spielte die Familie die Rolle eines Grundmodells: die Rolle des Fürsten wurde aus dem persönlichen Verhalten des Vaters heraus gedeutet, die Einstellung des Schülers zum Lehrer im Sinne des Respekts, den ein jüngerer dem älteren Bruder schuldet. Der Fürst wird auch bei uns wohl als „Landesvater“ gesehen, die Heimat als „patria“ und ein bestimmtes soziales Verhalten als „fraternité“ bezeichnet. Was bei uns jedoch bloße Metapher ist, finden wir in China wörtlich gemeint, auf eine Gleichförmigkeit hin ritualisiert, der Kaiser ist „Sohn“ des Himmels, dem er Opfer schuldet, der Beamte soll wie „Vater und Mutter“ für das Volk sein, sonst verfehlt er seinen Amtsauftrag, der Schüler heißt sein „jüngerer Bruder“ und kann schwerlich gegen diese Rolle verstoßen, die Frau sieht in ihrem Geliebten den „älteren Bruder“, um der Intimität einen vertrauten Namen zu geben, usf. Aus dem schuldigen Respekt für die Eltern, bei uns „Pietät“ genannt, erwächst die Loyalität zum Fürsten, die Güte wiederum ist die herablassende Gewährung des im Rang Höheren, hier des Vaters und des älteren Bruders, dort des Staatsoberhaupts und des Lehrmeisters.

Konfuzius’ Versuch ist es gewesen, eine menschliche Gesellschaft möglichst ohne Strafgesetz, sondern kraft sittlicher Normen zu regulieren. Das ist ihm freilich nicht gelungen, aber er hat ein über die Jahrtausende wirkendes Ideal geschaffen, das immer wieder zur Nacheiferung anregte. Im Zuge der Verstaatlichung des Konfuzianismus seit der Han-Zeit (das ist die Zeit des Imperium Romanum) und noch mehr infolge der gegenseitigen Beeinflussung und Durchdringung mit taoistischer und buddhistischer Philosophie ist schließlich eine komplexe Weltanschauung daraus geworden, die den gemeinsamen Namen Konfuzianismus nur noch wie einen losen Überwurf trug. Kosmologische Spekulation, psychologische und erkenntniskritische Theoreme, ein Geschichtsbild als Gleichnis moralischer Wertsetzungen, im übrigen eine umfängliche Liturgik ritueller Praktiken für alle möglichen privaten und öffentlichen Anlässe – man studiere daraufhin nur einmal den Terminkalender des Kaisers – und dazu das normierte Studium eines Kanons von bestimmten Texten, die angeblich das gesamte Wissen um die Welt und den Menschen enthielten, alles das galt als konfuzianisch, nur wer die Texte beherrschte, konnte ein Gebildeter sein und ein Beamter werden [16].

Die Frustration, die hier erzeugt wurde, hat sich vielen Generationen chinesischer Studierender mitgeteilt, auch Tseng Kuo-fan. Sie ist nicht nur zurückzuführen auf das geisttötende Studium auswendig zu lernender Texte und deren Kommentare sowie der Erlernung eines vorgeschriebenen formalistischen Aufsatzstils für die Prüfungen, es äußerte sich auch auf der höheren Ebene der fein verästelten Spekulation, die nicht weiterführte. Tseng suchte seine Unruhe und Unzufriedenheit in den Pekinger Jahren seiner Amtstätigkeit als kaiserlicher Rat zu überbrücken, indem er mit äußerster Selbstdisziplin Text um Text neu durchging, Lehrer suchte, die ihm neue Bereiche öffnen und vor allem zeigen konnten, wie die herrschende Lehre der Chu Hsi-Orthodoxie wieder lebenswirklich gemacht werden könne, er führte auch ein Tagebuch als permanentes selbstkritisches Gespräch und war im übrigen ein profuser und offenherziger Briefschreiber. Er stand kurz davor, seinen Abschied zu nehmen, um mit Frau und Kindern in dörflicher Abgeschiedenheit ein rechtes Leben zu führen und die rechte Unterweisung, wie er sie verstand, an sie weiterzugeben, als ihn das Unheil des Reiches, das ihn während eines Urlaubes in der Heimat traf, dazu zwang, noch einmal von Grund auf neu anzufangen. Er tat dies nicht als Eklektiker, wie man ihm vorgeworfen hat, der sozusagen die Reste einer verfließenden Tradition zusammensuchte, um sie als Schutzwall gegen die steigende Flut der neuen Ideen aufzurichten. Er tat dies vielmehr aus einer radikalen Wendung zur Quelle aller Quellen, nämlich zu seinem eigenen Selbst, um von dort aus die Welt gleichsam noch einmal zu gestalten [17].

Worum ging es?

Die Revolution der Taiping war im Grunde eine religiöse; im Namen eines sektiererisch radikalisierten Christentums wurden Chinas bis dahin geltende Werte zur Disposition gestellt – Tempel zerstört, Priester verjagt und die Gleichheit aller vor Gott gefordert [18]. Wollte man ihr entgegentreten, mußte

[16] Zum Konfuzianismus in seiner historischen Entwicklung vgl. immer noch Otto Franke, Geschichte des Chinesischen Reiches I. Band, Berlin 1930, 295 ff.; in den wichtigsten Äußerungen am besten zusammengestellt in: Sources of Chinese Tradition, vol. I., New York ³1964 (Th. W. de Bary u. a. ed.).

[17] Als wichtigste Quelle gelten die gesammelten Schriften Tseng Wen-cheng kung ch'üan-chi (zuerst gedr. 1876); eine sehr nützliche Zusammenstellung der wichtigsten Äußerungen findet sich in der kritischen Biographie Ho I-huns aus d. J. 1937: Tseng Kuo-fan p'ing-chuan, Taipeh ²1957; eine eingehende Würdigung Tsengs s. a. bei Hsiao I-shan, Ch'ing-tai t'ung-shih (Geschichte der Ch'ing-Zeit), 2 vols., Taipeh ²1967, in vol. III, 765–794.

[18] Zur Geschichte und Bedeutung der Taiping neuerdings vor allem Franz Michael, The Taiping Rebellion. History and documents, 3 vols. Seattle 1966, 1971; eine Darstellung aus nationalkommunistischer Sicht bei Fan Wön-lan, op. cit. Kap. III.

man in letzter Konsequenz im eigenen Bewußtsein beginnen, d. h., das Unbezweifelbare an Chinas Überlieferungen in sich zu befestigen und zu entfalten suchen. Tseng ging vom Kern der Sache aus: er hielt an dem Familienprinzip fest, er mahnte seine Brüder, das Gedenken an den Großvater hochzuhalten und die vorgeschriebenen Riten an der Grabstätte mit großer Bedachtsamkeit zu vollziehen. Durch fortgesetzte Textlesung und Meditation, die er gut beherrschte, kultivierte er in sich vor allem zwei Grundwerte, die er für unabdingbar hielt, Ehrfurcht und Güte, d. h. Distanz zum Menschen und intimere Nähe. Er wollte das Beispiel sittlicher Durchdringung seiner ihn umgebenden Welt, wie Konfuzius es vorgelebt haben sollte, wiederverkörpern. Das ist ihm, wie viele bezeugen, gelungen. Er konnte den gestrengen Herrn spielen und er konnte charmant sein, bezaubern und in Furcht setzen, bedrückendes Schweigen wie Lustigkeit um sich verbreiten – seine Mitarbeiter, seine ihm nahestehenden Zeitgenossen haben die Wiederbelebung des alten konfuzianischen Ideals, jener humanen Souveränität eines „Weisen nach innen und Königs nach außen" *(nei sheng wai wang)*, in ihm zu empfinden geglaubt [19].

So hat Tseng auch nach außen gewirkt. In der sich auflösenden sozialen und politischen Ordnung seiner Heimat Hunan suchte er ein neues gesellschaftliches Gefüge aufzubauen, indem er an das alte anknüpfte. Er berief Freunde und Verwandte zu Aushebungs- und Ausbildungsoffizieren der neuen Milizarmee, die aus derselben Überzeugung handeln sollten wie er selbst. Er überließ es ihnen, in ihrer engeren Heimat zu rekrutieren, indem sie möglichst Großfamilien und Dorfschaften geschlossen in die Armee eingliederten, damit die Verteidigung Chinas für sie mit der Verteidigung von Haus, Hof und Heimat zusammenfiel. Bei den Offizieren konfuzianisches Verantwortungsbewußtsein, bei den Gemeinen Heimattreue, das waren die durchaus konservativen Grundelemente der Gegenwehr, der „Konterrevolution", wie im nachfolgenden Jahrhundert gesagt wurde. Das Offizierskorps der Hunan-Armee ist vermutlich das gebildetste gewesen, das die chinesische Geschichte gekannt hat, die meisten hatten ihre zivilen Prüfungen gemacht, viele traten als klassische Stilisten hervor, unter den Beratern waren die besten Köpfe der noch jungen Modernisierungsbewegung [20]. Wenn an zeitgenössischen Berichten Disziplin und Zusammenhalt der Taiping-Verbände hervorgehoben wurden, so ging auch vom Hauptquartier der Hunan-Armee bald der Ruf eines reformierten und verinnerlichten Konfuzianismus aus, der

[19] Vor allem aufgrund von Ho I-huns kritischer Biographie, op. cit., passim.

[20] Von Kenneth E. Folsom liegt eine neue Untersuchung über die Beraterstäbe Tsengs und seines Nachfolgers Li Hung-chang vor: Friends, Guests and Colleagues, Berkeley 1968, bes. 58–77.

sich täglich im Felde zu bewähren hatte. Und man spürte auch die Atmosphäre einer unkonventionellen Frische, mit der man der modernen, bedrohlichen und doch erfaßbaren Welt begegnete.

Sollte der „Weise nach innen" auch „König nach außen" werden im Sinne der Gründung einer neuen Dynastie, die auch die Gründung eines sich allmählich modernisierenden China bedeutet haben würde? Es hat einzelne aus Tseng Kuo-fans Entourage gegeben, die das gesehen und dazu geraten haben. Ein faszinierender Gedanke: es hätte dieser wirklich fähige Mann die Rolle des japanischen Kaisers Meiji in China übernehmen können – aber eben bloße Spekulation! Nicht nur waren die technischen Voraussetzungen für den Staatsstreich nicht gegeben, Tseng befand sich mit seiner Armee im Kampf gegen die militärisch äußerst tüchtigen Taiping-Rebellen, rund tausend Kilometer von der Hauptstadt entfernt, die immer noch von den Mandschu-Bannerregimentern wäre verteidigt worden, er hätte sich denn *mit* den Rebellen und den europäischen Mächten verbünden müssen – sondern Tseng war auch hierin Konfuzianer genug, um der Dynastie die Treue zu halten, die nun einmal den Auftrag hatte, und er hat schließlich auch ganz realpolitisch das Chaos vorausgesehen, das eine solche Aktion in den weitläufigen Provinzen Chinas nach sich gezogen haben würde [21]. So wurde er zur Hauptstütze des Throns und zum ersten Modernisierer Chinas, der zugleich der letzte überzeugende Konfuzianer war. Er hatte sich abgewandt von allem Beiwerk, aller Spekulation, allem Formalismus, und aus der Bewährung in Chinas schwerster Stunde die Relevanz einer sittlichen Aktion wiederentdeckt, die aus der Mitte der eigenen Person heraus die nächste Umwelt und darüber hinaus in einer Kombination charismatischer Ausstrahlung mit legalistischen Herrschaftsmitteln dann auch eine Gesellschaft, zum mindesten in ihrer herrschenden Schicht, erfassen und gestalten kann. Selbst im Umgang mit den Fremden legte er die konfuzianischen Verhaltensnormen zugrunde. So schrieb er an einen Freund und Untergebenen: „Die Angelegenheiten der Barbaren sind wirklich schwierig zu handhaben, aber die Grundprinzipien sind auch hier nicht anders als die vier Worte des Konfuzius: Loyalität, Glaubwürdigkeit, Ernst und Respekt ... Wenn Du mit ihnen Kontakt hast, dann halte Dir diese wichtigen Sätze im Gedächtnis: sei aufrichtig und zuverlässig in Deinen Worten und halte Dich ernst und würdig ... Wenn sie Ehrlichkeit schätzen und gute Zusammenarbeit wollen, sollten wir keine Feindseligkeit mit ihnen suchen. Wenn sie jedoch ihr Wort brechen ... sollten wir die Waffen haben, ihnen entgegenzutreten." [22]

[21] Eine ausführliche Darstellung des Problems hat Hsiao I-shan, op. cit. vol. III, 778 ff.
[22] Nach einem Zitat bei S. Y. Teng/J. K. Fairbank, China's Response to the West (1954), New York [3]1966, 63.

[b] Das nächste Beispiel führt uns weiter in die beginnende Umwertung der Werte rund dreißig Jahre später. Dies sei an zwei Personen exemplifiziert, die beide in eine Geistesgeschichte der Neuzeit gehören: K'ang Yu-wei, der Führer der Reformpartei der späten neunziger Jahre, und T'an Ssu-t'ung, der Mitarbeiter, Philosoph und erste Märtyrer für Chinas Erneuerung zu dieser Zeit[23].

T'an Ssu-t'ung (1866–1898) hat kaum als aktiver Politiker, wohl aber als leidenschaftlicher Philosoph seine Zeitgenossen und spätere Generationen in den Bann geschlagen. Seine Hauptleistung war die Niederschrift eines längeren philosophischen Essays, dem er den Namen „Lehre von der Menschenliebe" (Jen-hsüeh) gab. Der Text ist bis zur Stunde noch nicht in eine westliche Sprache übersetzt worden, einerseits der Schwierigkeiten wegen, die er philologisch bietet, zum anderen, weil die darin geäußerten Gedanken in ihrer Tragweite mindestens für den historischen Zusammenhang offenbar unterschätzt worden sind. Joseph Levenson[24], um ein relevantes Beispiel westlicher Kritik zu nennen, wertet T'an als eklektischen Utopiker der konfuzianisch-buddhistisch-christlich gedeuteten Welteinheit ab und übersieht, daß es T'an ebenso wie seinem großen Landsmann Tseng Kuo-fan, den wir gerade kennengelernt haben, vor allem darum gegangen ist, den Kern der konfuzianischen Lehre für sich selbst und für seine Zeitgenossen wieder freizulegen gegen Repressionen in Familie und Gesellschaft und gegen politische Zwangsherrschaft despotischen Zuschnitts, die diesen Kern wie Schlingpflanzen zu ersticken drohten. Das war für ihn die Menschenliebe „Jen", die er in der Tat, um ihren grundlegenden Wert zu unterstreichen, zu dem christlichen Liebesbegriff in Beziehung setzte, die er aber auch als kosmische Dynamik verstand, die, dem Äther in einer heute überholten wissenschaftlichen Anschauung vergleichbar, alles durchdringt, nicht entsteht, also auch nicht vergehen kann, ein Ganzes ist und doch ständig im Fluß, ein Liebesstrom hinter den sich wandelnden Erscheinungen. Hier berühren sich, wie ich meine, ostasiatische Tradition und abendländische, wie sie sich in der mystischen Komponente vom Mittelater her bis zur modernen „Weltfrömmigkeit" andeutet. Der Impuls, der T'an Ssu-t'ung zu seiner Weltmystik geführt hat,

[23] Während die Literatur über K'ang Yu-wei außerhalb Chinas in jüngerer Zeit zugenommen hat durch Tichwinskij (Moskau), Lo Jung-pang (USA), Hsiao Kung-ch'üan (USA), L. Thomson (UK), ist die Literatur über T'an Ssu-t'ung noch spärlich, vor allem fehlt bisher eine vollständige Übersetzung seines Hauptwerkes „Von der Menschenliebe" (Jen-hsüeh), vgl. „Sources ...", vol. II 87 ff.

[24] Vgl. op. cit. vol. I, 82 ff.; gerade an dieser Stelle wird die Differenz zwischen dem Levensonschen Ansatz und dem hier aufgezeigten deutlich: er sieht nur das *Modernisierungs-* s. v. Verwestlichungsproblem, während T'an selber immer an *Erneuerung aus der Wurzel* gedacht hat.

ist wohl mit der tiefen Depression zu umschreiben, in welche die chinesische Intelligenz gegen Ende des Jahrhunderts geraten war. T'an suchte sie aufzuklären und aufzuhellen zu einer neuen Bejahung der Existenz als Mensch und Nation aus der, wie er wörtlich formulierte, „Kraft des Herzens", die den Menschen fähig machte, sein „mechanisches", d. h. der Mechanik gesellschaftlicher Regulation unterworfenes „Herz" zu überwinden und das vielfältige „Netz" zu „zerreißen" (so T'an), das den Menschen umschlingt und lähmt. Profit und Lohn, despotische Herrschaft, sozialer und geistiger Formalismus, ja, jedwede Art sozialer Fixierung ist zu beseitigen. Ein anarchistischer Zug kommt aus alten chinesischen Oppositionshaltungen herein: T'an fordert den raschen Umsturz. Wer zu dem Schluß komme, daß in seinem Land keine bejahenswerte innere Ordnung mehr herrsche, der solle alsbald einen Aufruhr in Gang setzen, um auf den einen unter zehntausend zu hoffen, der das Land wieder einer lebenswürdigen Ordnung zuführen werde. Revolution im Sinn der chinesischen Tradition, d. h. bezogen auf die „Änderung des Auftrages" für den einen großen Mann, ist hier zum erstenmal im modernen Zusammenhang in China ausgesprochen. Ungefähr gleichzeitig und unabhängig von T'an hat Sun Yat-sen zum erstenmal die Revolution als Sturz der Dynastie ins Auge gefaßt, jedoch schon damals (um 1898) konkreter als Aktion einer politischen Verschwörung, während T'an beinahe schon ein früher „Kulturrevolutionär" genannt werden könnte.

Aber es geht noch nicht um die Umwertung *aller Werte.* T'an Ssu-t'ung hat, wie sein Landsmann Tseng Kuo-fan, die Notwendigkeit der Reduktion auf den Kernbestand des eigenen Weltbildes gesehen und wie in einem Atemzug zu formulieren versucht. Blicken wir darum noch etwas genauer auf seine Kritik am Konfuzianismus und dessen Rechtfertigung. Im Sinne der sog. „Neutext-Schule" des Konfuzianismus, wie sie sich im späten 18. Jh. aus der textkritischen Schule heraus entwickelt hatte, behauptete auch T'an, wie sein von ihm verehrter Meister K'ang Yu-wei (s. u.), daß Konfuzius eigentlich ein Reformator gewesen sei, der zu seiner Zeit gegen das Chaos der vielen Staaten und die Verwilderung der Sitten eine neue sozial-ethische und politische Ordnung habe setzen wollen. Diese eigentliche Bedeutung des Konfuzius sei aber durch einen seiner Nachfolger, nämlich Hsün-tzu (~ 300 bis 230 v. Ch.), verdeckt worden, der um der Stabilisierung von Herrschaft willen die Despotie praktisch gutgeheißen, sie aus alten Texten herzuleiten gesucht, die Gesellschaft durch Einführung hierarchischer Ordnungen strikt reglementiert und somit zur Versklavung des chinesischen Volkes direkt beigetragen habe [25]. Zweitausend Jahre sei die autoritäre Usurpierung des

[25] Ein vollständig ins Deutsche übertragener Text liegt vor von Hermann Köster S. V. D.,

guten Namens Konfuzius' praktisch widerspruchslos hingenommen worden, doch jetzt sei es, in der Stunde der nationalen Not, endlich an der Zeit, dieses Bild zu revidieren und der Despotie die Ordnung durch das Volk, der Ungleichheit die Gleichheit, und der folgsamen Lenksamkeit den Willen zur Selbstbehauptung des Volkes entgegenzusetzen. Vor allem komme dies für die drei ersten der fünf Grundbeziehungen des Menschen in Betracht: der Staatsdiener müsse zu dem Herrscher in eine Art von Beraterverhältnis treten, der Sohn dem Vater gegenüber seine Scheu überwinden und frei von Zwang eine natürliche menschliche Neigung entwickeln, und jede Ehefrau sei ihrem Eheherrn hinfort eine gleichberechtigte Partnerin. Hingegen enthielten die brüderlichen und die Freundesbeziehungen im Kern auch den alt-neuen Geist echten Konfuzianertums, wie er in der Menschenliebe zum Ausdruck komme. Somit, schließt T'an diesen Gedankengang, sei das Gerede vom Untergang des Konfuzianismus nur insoweit zutreffend, als der falsche, die Seelen und die Aktivität der Menschen hemmende Konfuzianismus zugrundegehe, und ihn könne man nicht schnell genug beseitigen, während der echte Kern gerade freigelegt werden und zur Erneuerung des Menschen in China führen solle [26].

Man kann in diesem Zusammenhang darauf verzichten, T'ans Weltsicht, vielleicht sollte man sagen: Weltschau, noch weiter zu analysieren. Es genüge anzumerken, daß er gerade hier die drei großen Traditionen Chinas, die des Konfuzius, die taoistische und die des Buddhismus, zusammengeführt hat, und auch dies weniger aus einem Abwehrwillen gegen das westliche Denken, wie Levenson unterstellt, sondern vielmehr, weil diese drei Hauptrichtungen chinesischer Weltanschauung seit Jahrhunderten auf eine Konvergenz zuliefen. – Eine zweite Anmerkung sei noch gestattet: aus dem Buch der Wandlungen, Chinas altem Weisheitsbuch, ergibt sich für T'an eine in der älteren Kommentarliteratur bereits angelegte Realdialektik, die bei ihm soweit ausformuliert ist, daß marxistische Kritiker in der Volksrepublik von dem „Materialisten" T'an reden [27], der er gewiß nicht war. Wir konstatieren gleichwohl im Blick auf den Maoismus, daß in der sich wandelnden Denkwelt Chinas das Element der realen Dialektik immer eine wichtige Rolle gespielt hat. [T'an endete als Märtyrer. Er wurde Anfang September 1898

Kaldenkirchen 1967; vgl. auch d. Verf., Bemerkungen zu Text und Person Hsün-tzu, in: Asien. Tradition und Fortschritt, Festschrift für Horst Hammitzsch, Wiesbaden 1971.

[26] Alle hier gemachten Äußerungen folgen einer handlichen Neuausgabe der Werke T'an Ssu-t'ungs: T'an Ssu-t'ung ch'üan-chi, Peking 1954, 3 ff.

[27] Vgl. das Vorwort d. Hrsg. zu T'ans Gesammelten Werken, op. cit.: „... in einem gewissen Grade wird (in seinem Werk) die Richtung des Materialismus zum Ausdruck gebracht."

nach Peking berufen, um an dem Reformwerk seines Meisters K'ang teilzunehmen. Drei Wochen später wurde er mit fünf anderen nach einem geglückten Staatsstreich der Kaiserin-Witwe, Führerin des konservativen Lagers, öffentlich hingerichtet. Freunde hatten ihm Fluchthilfe nach Japan versprochen, er lehnte ab, weil er überzeugt war, daß erst Blut fließen müsse, bevor China von Grund auf erneuert werden könne. [28]]

K'ang Yu-wei (1859–1927), seinem Mentor, dem führenden Kopf in der Reform-Bewegung der 90er Jahre, gelang die Flucht nach Japan. Er machte sich zum Sprecher einer Konstitution und Befürworter jener Dynastie, die durch fortlaufende Kapitulationen und innere Schwäche keine Zukunft mehr haben konnte. Spätestens seit 1905 stieg der Stern Sun Yat-sens, die Revolution war nur noch eine Frage der Zeit geworden. Chinas junge Generationen, mehr und mehr herausgelöst aus den Bindungen an das alte System, steigerten sich von Jahrzehnt zu Jahrzehnt in der Radikalität ihrer Forderungen – von 1905 über das Revolutionsjahr 1911 hinweg zu der kulturellen Revolution der Jahre nach 1919, und trotzdem blieb K'ang Yu-wei ein Signal, das die Wende der Flut anzeigte. Dies ging auch bei ihm weniger auf seine politische Rolle zurück als auf seine Gedanken. Seine hervorragende Stellung, ja, seine Schlüsselrolle in dem Prozeß der Vorbereitung Chinas auf die moderne Welt, verdankt er zwei wesentlichen geistigen Leistungen, einmal der Umdeutung des Konfuzianismus im Sinn der „Neutext"-Schule, die er damit vollendete, zum anderen durch sein visionäres „Buch von der Großen Gemeinsamkeit" (Ta-t'ung shu). Der Begriff stammt aus einem klassischen Text, dem Buch der Sitte, wie Richard Wilhelm übersetzt, ist aber von ihm mit einem gänzlich neuen Inhalt gefüllt worden, der es auch heutigen Autoren noch erlaubt, die Vorstellung von einer endgültig befriedeten Menschheit in der Zukunft, damit auch die Vorstellung von einer klassenlosen Gesellschaft, mit diesem Begriff zu verbinden.

Zunächst noch einmal kurz zur Uminterpretierung des Konfuzianismus, von der schon bei T'an Ssu-t'ung die Rede war. Die sog. „Alttext"-Schule der Han-Zeit, die sich auf Texte berief, die man nach der Bücherverbrennung i. J. 213 v. Chr. aufgefunden haben wollte, behauptete einen rigorosen ethischen Normpositivismus: Begriff und Essenz waren eins, die Bezeichnungen für „Vater", „Sohn", „Bruder" usw. beinhalteten ethische Normen, von denen abzuweichen als Verstoß gegen die gute Sitte zu ahnden war. Dies wurde historisch legitimiert aus einer als uralt angesehenen Ordnung der Gesellschaft, die auch Konfuzius nur überliefert hatte. Die Objektivität der

[28] Vgl. Teng/Fairbank, op. cit., 157 ff.; T'ans Biographie steht in A. W. Hummel, Eminent Chinese of the Ch'ing Period, Washington 1943, vol. II, 702 ff.

gesetzten Ordnung brauchte man nur nachzuvollziehen. Demgegenüber betonte die „Neutext"-Schule die schöpferische Umgestaltung der gesellschaftlichen Ordnung des Menschen. Sie berief sich auf Texte, die über die Bücherverbrennung hinweg mündlich überliefert und daher in der neuen Schriftform der Kaiserzeit aufgezeichnet worden waren. Unter ihnen befand sich vor allem ein Kommentar zu den „Frühling-und-Herbst-Annalen" des Konfuzius, der die reformerische, neusetzende Tätigkeit des Meisters hervorhob. Ihn machte sich diese Schule zu eigen, um in der Verfall-Situation der letzten Dynastie eine legitime Quelle für Reform-Denken und Handeln zu gewinnen. K'ang veröffentlichte ein Buch über den „Reformer" Konfuzius und ein weiteres über die „Fälschungen klassischer Schriften", in welchem er nachweisen wollte, daß die Texte in alter Schriftform von einem Gelehrten der Han-Zeit fabriziert worden waren, um einem zeitgenössischen Diktator die nötige ideologische Stütze zu geben. Es gelte, den *wahren* Konfuzius wiederzuentdecken und in seinem Geist ein neues China zu schaffen, das der übrigen Welt wieder in Vollmacht gegenübertreten könne.

Die mehr orthodox eingestellten Konfuzianer spürten den Genieblitz des damals noch jungen kantonesischen Gelehrten und verurteilten seine Thesen sofort, sie nannten ihn ein Monstrum, einen bösen Wolf oder sittenlosen Umstürzler. Sie spürten, daß hinter seinem geradezu religiösen Eifer, Konfuzius für die Moderne zu retten, in Wahrheit dessen Absetzung vorbereitet wurde. Wenn Konfuzius' Geltung nur noch an Maßstäben der westlichen Ökonomik und Verfassungswirklichkeit gemessen werden konnte, selbst wenn man dies aus einer Quelle der Vorkaiserzeit herauszulesen vermochte, dann begab man sich der etablierten Voraussetzung des ganzen Systems. Wo blieb die Bildungsuniversalität des Gentleman-Ideals der Konfuzianer in einer Welt von technischen Fachleuten, wo der altererbte Respekt vor dem Sohn des Himmels im Rahmen eines parlamentarischen Systems? Vor allem ärgerte die Kritiker der angebliche Nachweis, daß viele Generationen chinesischer Literaten und Gelehrter Textfälschungen aufgesessen sein sollten [29].

K'ang hat bei seinen Überlegungen zur Neuordnung des alten Kaiser-Staates noch einen Schritt weiter getan, er hat den Konfuzianismus aus seiner System-Immanenz befreien wollen und gefordert, ihn im Rahmen eines modernen chinesischen Staates zur Staatsreligion zu machen, auch um seine konservativen Kritiker zu beschwichtigen. Aber dies ist, im alten Rahmen betrachtet, ein durchaus revolutionärer Gedanke, der bereits in seinen ersten Reform-Memoranden aus dem Jahr 1895 anklingt, auch wenn die Polemik

[29] Die Reaktion auf K'ang Yu-wei ist im Zusammenhang noch nicht untersucht worden, eine Bochumer Dissertation befaßt sich damit, vgl. vorerst „Sources . . .", vol. II, 73 ff.

darüber späteren Datums ist. Ich meine, dies sei nicht nur ein eher zufälliges Ergänzungsstück zur Rezeption westlichen Verfassungsdenkens, sondern bereits ein bewußter Schritt fort von der konfuzianischen Universalordnung, dem europäischen Säkularisierungsvorgang vergleichbar. K'ang nimmt den Konfuzianismus heraus aus seiner die Gesellschaft und den Staat umgreifenden und sie durchdringenden Allgemeinfunktion und stellt ihn in seiner speziellen Aufgabe an die Seite der vielfältigen Aufgaben des reformierten Staates. Vielleicht ist dies schon weiter gedacht als K'ang selbst zuzugeben bereit gewesen wäre, dennoch liegt dieser Ansatz zur Säkularisierung des Konfuzianismus in der Logik seines gesamten Reformansatzes. Es scheint, daß er hierin selbst dem sonst radikaler formulierenden T'an Ssu-t'ung noch voraus gewesen ist.

Daß er dann aber, in einer weiteren Richtung seines Denkens, *noch* radikalere Forderungen gestellt hat, die an aktuelle Erscheinungen im kommunistischen China heranreichen und sie überflügeln, macht diesen seltsamen, zwischen einem Konservativen und der Haltung eines radikalen Weltverbesserers schwankenden Mann vollends zum Revolutionär. Die Wurzeln seines utopischen Entwurfs von der „Großen Gemeinsamkeit" reichen in eine von ihm verfaßte frühe Kommentarschrift des Jahres 1884 zurück. Sie entstand zu folgendem Text aus dem „Buch der Sitte" (Verfasserschaft etwa 2. vorchristliches Jh.), der in seinem ersten Teil wörtlich zitiert werden soll:

„Als Konfuzius einst mit einem Freund nach getaner Arbeit auf den Torturm des Palastes stieg, seufzte er laut, und zwar über seinen Heimatstaat Lu. Sein Schüler Yen-yen war an seiner Seite und sprach: Meister, was seufzet Ihr? K'ung-tzu erwiderte: Das Wirken des großen Weges ist von den Herrschern der drei Dynastien [bis heute] nicht erreicht worden, auch wenn sie den Willen dazu hatten. Das Wirken des großen Weges führt zur Kommunität des ganzen Erdkreises. Man beruft nur befähigte Leute zu führenden Positionen, man schenkt Vertrauen und bewirkt Freundschaft. Die Menschen sind nahe nicht nur *ihren* Nächsten, sie lieben wie einen Sohn nicht nur *ihre* Söhne, sie schaffen den Alten eine letzte Bleibe, den Gesunden eine Tätigkeit, den Jungen Raum zum Heranwachsen, und all den armen Witwen, Waisen und Siechen eine Pflege. Die Männer haben ihre Aufgabe, die Frauen ihre Stütze. Wozu die Waren deponieren – man sammelt sie nicht für sich selbst. Warum seine Kräfte nicht voll einsetzen – man tut es ohne Eigennutz. Listen und Ränke können sich nicht regen, Diebe und Räuber finden kein Betätigungsfeld, die Haustüren bleiben geöffnet. Das nenne ich die Große Gemeinsamkeit." [30]

[30] Bei Richard Wilhelm in: Li Gi. Das Buch der Sitte, Düsseldorf o. D., 56 f.

Dem wird der „Kleine Friede“ gegenübergestellt, der den Normalzustand einer Gesellschaft spiegelt mit ihrem Eigennutz und Wettbewerb, ihrem Waffendienst und ihrer Ordnungsvorsorge. K'ang legt in seinem Kommentar sogleich das wichtigste Hemmnis auf dem Weg zur Großen Gemeinsamkeit bloß, nämlich die vielfältigen Begrenzungen und Beschränkungen, denen der Mensch unterliegt als Person, in der Familie und im Staat, nach Klasse, Rasse und Geschlecht. Das Ziel der Entwicklung wird alle diese Abgrenzungen und Absonderungen aufheben. Wo T'an noch von den Beschränkungen als Folge der Deformierung des Konfuzianismus spricht, geht K'ang weiter, die Beschränkungen sind konstitutionell, sie müssen daher auch konstitutionell aufgehoben werden. In seiner um 1902 entstandenen Hauptschrift wird er dann sehr konkret, ein Weltstaat mit regionaler Autonomie wird angestrebt, Sippe, Familie und Ehe abgelöst durch neue Gemeinschaften, die Produktion ist kollektiv, die neue Lebenseinheit eine Art Volkskommune, die sozialen Aufgaben der Gesellschaft werden gemeinschaftlich gelöst. K'ang steht mit solchen Ideen in seiner Zeit allein, darum hat er seinen Freunden auch untersagt, das Buch vor seinem Tod zu veröffentlichen, es erschien zuerst 1935. Es hätte in den Augen seiner Zeitgenossen wohl auch zu schroff im Widerspruch gestanden zu seinem Einsatz für die konfuzianische Staatsreligion. Dennoch hängt beides zusammen [31]: was in der Zwischenphase als Staatsreligion noch Raum haben kann, wird in der Endphase unnötig geworden sein, man könnte im Sinne des oben zitierten Textstückes auch sagen, die Endphase bedeute die letzte Verwirklichung der so verstandenen Lehren des Konfuzius. Jedenfalls deutet sich hier die Flutwende an: China beginnt sich seiner Traditionen zu entledigen, wenn noch nicht dem Namen, so doch der Sache nach.

[c] Zwischen der zweiten und dritten „Momentaufnahme“ im Blick auf die geistigen Veränderungen des neuzeitlichen China liegt nicht nur der unselige Boxerkrieg, in dessen Folge das alte China seine tiefste Demütigung hinnehmen mußte, sondern es liegen dazwischen auch der spektakuläre japanische Sieg über Rußland 1905 und die chinesische Revolution 1911, die zum Sturz des Kaiserhauses und zur Bildung einer chinesischen Republik führte; und ferner liegen dazwischen der große europäische Krieg 1914–1918 und die russische Oktoberrevolution 1917 – Ereignisse von Gewicht, könnte man sagen, die zwangsläufig das Denken der Zeitgenossen beeinflussen, es in neue Bahnen lenken mußten. Aus dem bisher Dargelegten ist aber wohl

[31] Hsiao Kung-ch'üan betont diesen Zusammenhang in seinem Aufsatz „The Case for Constitutional Monarchy: K'ang Yu-wei's Plan for the Democratization of China, in: Monumenta Serica XXIV (1965), S. 3 ff.

schon deutlich geworden, daß im Prozeß der Veränderungen im Denken führender Chinesen bis um die Jahrhundertwende bereits so bemerkenswerte eigene Ansatzpunkte hervorgetreten waren, daß deren weitere Radikalisierung nur noch eine Frage der Zeit war. Der Faktor, der die Entwicklung beschleunigt hat, ist in China eher auch der innere Verfall während und nach der Militärdiktatur Yüan Shih-k'ais (1912–1916) gewesen, viel mehr jedenfalls als irgendein äußeres Ereignis, das allenfalls auslösend hat wirken können. Hu Shih's Aufruf zur Absetzung der klassischen Schriftsprache zum Beispiel, dessen Rückwirkungen für die kulturelle Wandlung gewaltig gewesen sind, datiert vom Januar 1917, Ch'en Tu-hsius Appell an die Jugend Chinas, sich endlich frei zu machen von alten Fesseln, sogar schon vom 15. Sept. 1915 [32]. Die Nachrichten von der russischen Oktoberrevolution und den Versailler Friedensverhandlungen trafen in China auf einen längst bereiteten Boden. Die kulturelle Revolutionsbewegung vom 4. Mai 1919 fügt sich in ein leicht überschaubares Kontinuum fortschreitend sich beschleunigender Veränderungen.

Wenn im folgenden zwei der herausragenden Gestalten dieser Bewegung, Ch'en Tu-hsiu und Li Ta-chao, angesprochen werden, so geschieht dies weniger darum, weil sie die Begründer der Kommunistischen Partei Chinas gewesen sind, sondern vor allem, weil sich in ihnen die Möglichkeiten zur endgültigen Erneuerung Chinas exemplarisch polarisiert haben: Ch'en als Vertreter der „Verwestlichung", der Internationalisierung, Li als Vertreter des zu Ende zu führenden Rückgriffs auf die eigene, die chinesische Substanz, was immer das sei. Vorher ist aber noch kurz zu begründen, weshalb weder Hu Shih, der eben genannte, noch vor allem Sun Yat-sen zur Diskussion gestellt werden, Hu Shih als Führer der Erneuerung vorwiegend im akademischen Bereich, Sun Yat-sen als Führer der politischen Revolution seit 1911!

Hier nun wird die tatsächliche Wendung der Dinge in China bedeutungsvoll: die nationale Partei Kuomintang ist die Verliererin im Kampf um die Seele Chinas, und die Wirkungen Hu Shihs beschränkten sich durchaus auf die akademische Welt. Zwar hat Sun Yat-sen mit dem Gedanken der Erziehungsdiktatur als Übergang von der Tradition zur Moderne eine nationalpolitische Möglichkeit für alle Entwicklungsländer aufgezeigt, die auch aufgegriffen worden ist, aber der Nationalismus allein, und das war es, was von Suns Konzepten schließlich übriggeblieben ist, vermochte die immer dringlicher werdenden wirtschaftlichen und sozialen Aufgaben in China nicht zu bewältigen. Zwar hat Hu Shih die Erneuerung der chinesischen Geisteswissenschaften maßgeblich gefördert und beeinflußt durch Sprachre-

[32] Vgl. Wolfgang Franke, Chinas kulturelle Revolution, München 1957.

form, literatur- und ideologiekritische Untersuchungen, und vor allem durch seinen Einsatz für die Positivität moderner wissenschaftlicher Forschung, politisch jedoch hat er lediglich einem etwas vagen Liberalismus das Wort geredet, der in China außerhalb der akademischen Intelligenz kaum aufgegriffen worden ist. Die dritte Kraft jedenfalls, auf die General Marshall bei seinem Vermittlungsversuch i. J. 1946 gesetzt hat, erwies sich als Illusion. So greifen wir das kommunistische China als historischen Gegenstand auf und lassen uns von daher auf grundlegende geistige Ausgangspositionen aufmerksam machen.

Ch'en Tu-hsiu (1879–1942) rief in der von ihm 1915 gegründeten Zeitschrift „Neue Jugend" (La Jeunesse) sogleich die junge Generation Chinas dazu auf, unabhängig zu sein und nicht, wie bis dahin, unterwürfig gegenüber den Mächten der Tradition, fortschrittlich zu sein im Sinne der Aneignung westlichen Wissens und westlicher Lebenshaltungen und nicht immer nur am alten zu hängen, den Mut zum politischen Hervortreten in der Öffentlichkeit zu entwickeln und nicht, wie bis dahin üblich und typisch, in die Stille des Familienkreises und der Studierstube sich zurückzuziehen, und weltoffen zu sein, andere Länder und Kulturen in ihrem eigenen und für China vorbildlichen Wert anzuerkennen, anstatt China weiterhin als Nabel der Welt zu sehen, usw. [33].

Ch'en steht hier für eine neue Generation intellektueller Chinesen, die ihre Erfahrungen während des Studiums außerhalb Chinas (er war sowohl in Japan als auch in Frankreich gewesen) ungescheut im Sinne einer inneren Umstellung in der Heimat auszuwerten sich bemühten. 1916 forderte er z. B. die Bevölkerung seines Landes im ganzen auf, nicht nur politisch für Republik und Verfassung einzustehen, sondern auch Unabhängigkeit, Gleichheit und Freiheit gegen die immer noch gültigen konfuzianischen Normen durchzusetzen. Freiheit bedeutete hier frei sein von den immer mehr als Fesselung empfundenen konfuzianischen Gesetzen. Ch'en nannte dies ein „ethisches Erwachen", durch welches bzw. in welchem der wahre Inhalt aller geistigen und politischen Erneuerung erst gefunden werden könne. In einem weiteren Aufsatz vom Dezember 1916 stellte er die Unverträglichkeit konfuzianischer Normen mit den Lebensbedingungen der modernen Welt heraus: im politischen Wettkampf, in der Wirtschaftsproduktion und im sozialen Wirkungsbereich der Großstädte sei die überlieferte Sippengemeinschaft nicht mehr zu halten. Und nicht nur sie ist seit dem Eindringen moderner Lebensformen einer allmählichen und unwiderruflichen Aushöh-

[33] Auch Ch'en Tu-hsiu hat noch keine monographische Behandlung erfahren, vorerst s. Biographical Dictionary of Republican China, vol. I, New York 1967, 240–248.

lung und Zerstörung unterworfen worden, auch andere patriarchalische Gruppen und Vereinigungen begannen vor mehr funktionalen Verbänden zu weichen, wie Gewerkschaften und politischen Parteien [34] – ein Vorgang, der wie eine Wiederholung wohlbekannter Erscheinungen in der westlichen Welt wirkt.

Schon in das Jahr 1918 fällt ein Aufruf Ch'ens, Idole zu zerschlagen, die Idole primitiver Religiosität ebenso wie die der Monarchie, der bloßen Staatsräson und des Vorranges, den der Mann vor der Frau über die Jahrtausende immer noch behauptete. Ch'en wandte sich gegen die Überschätzung auch der neuen Institutionen der Republik und der Politik ihrer Organe. Mit Hilfe der Begriffe „Wissenschaft" und „Demokratie", die er in ihrer englischen Form „Science" und „Democracy" geradezu personifiziert einsetzte, suchte er durch seine Kritik pausenlos auf die Fundamente und Rudimente überkommener Anschauungsweisen einzuschlagen, um endlich, 1920/21, die Konsequenzen zu ziehen und bei der Gründung einer auf das Proletariat gegründeten politischen Partei mitzuwirken. Auch hier war Ch'en von Anfang an Internationalist, er glaubte an die grundsätzlich übernationale Eigenart aller ökonomischen und sozialen Phänomene, ihm galt auch hier die Situation des Westens als die für das 20. Jh. schlechthin vorbildliche. Die politische und moralische Position in westlichen Ländern glaubte er in China wiederzufinden. Darum konnte er, man möchte fast sagen: bewußt naiv, eine proletarische Aktion in den wenigen modernen Großstädten Chinas wagen und mit ihr scheitern. Er hatte die wahren Probleme des vielhundertmillionenköpfigen China, das seit eh und je in und von seinem Land gelebt hatte, nicht begriffen. Die Modernität des Fortschritts ging ihm über die Aktualität der Gegenwart, er hat sich bemüht, die Revolution von außen her in das chinesische Volk hineinzudenken, anstatt sie in der eigenen Wirklichkeit aufzusuchen. In der Revolutionsgeschichte gilt Ch'en als Rechtsabweichler und Trotzkist [35]. Er verbrachte die letzten zehn Jahre seines Lebens in Haft und unter Aufsicht der KMT-Polizei unter anderem mit archäologischen Studien.

Li Ta-chao (1888–1927), der zweite führende Mitbegründer der KPCh, ist hier ein anderes Kaliber [36]. Er war radikaler Neuerer wie Ch'en Tu-hsiu, beide wirkten an der Herausgabe der Zeitschrift „Neue Jugend" zusammen,

[34] Jean Chesneaux, Le mouvement ouvrier Chinois de 1919 à 1927, Paris 1962.

[35] Über die Rolle Ch'ens in der KPCh. s. vor allem: Benjamin Schwartz, Chinese Communism and the Rise of Mao, Cambridge, Mass., 1951; Robert C. North, Moscow and Chinese Communists, Stanford ²1963; ferner W. Franke, op. cit. 79 ff.

[36] Als Einführung s. M. Meisner, Li Ta-chao, in: Vom Konfuzianismus zum Kommunismus, P. J. Opitz Hrsg., München 1969, 149 ff.

sie waren Kollegen an der Pekinger Universität, Ch'en als Professor für Literatur, Li als Historiker und Direktor der UB, sie gehörten beide zu dem kleinen Kreis führender Intellektueller, die die Vierte-Mai-Bewegung anführten [37]. Lis frühe Äußerungen haben gleichfalls erweckenden Charakter, aber er *appelliert* nicht nur an die junge Generation seiner Zeit, sondern er spricht ihr zu: Ihr *seid* der Frühling! Eure Blüten brechen auf, eure Jugendfrische tritt aus den Krusten des alten Winters immer leuchtender hervor! In dieser anfang- und endlosen Welt ist auch unendlicher Raum für neuen Aufbruch, neue Zielsetzung aus der ungebrochenen Kraft des Lebens. Den Trost, welchen er der jungen Generation zuspricht (September 1916), gewinnt auch er nicht aus einem Tatbestand, etwa einer revolutionären Situation oder einer konkreten Zielsetzung, sondern aus der Anschauung von einer Welt, die sich ständig in Bewegung befindet und daher Bewegung und Wandlung verheißt. Jetzt kommt ein neuer Frühling, der Wandel und Veränderung bringen wird, dahinter aber ist der ewige Frühling, der ewigen Wandel verspricht. Aus subjektiver Vorstellungskraft Aufbruch ins Paradies – so könnte man, etwas vergröbert, Li Ta-chaos Verkündigung aus dem Sommer 1916 thematisieren, kurz nachdem der Militärdiktator Yüan Shih-k'ai gestorben war. Der Aufsatz trägt den Titel „Frühling", er ist in hinreißendem Schwung geschrieben, seine Wirkung war spontan und weitreichend. Wo Ch'en eher an Vernunft und Einsicht appellierte, waren Lis Worte dazu angetan, Kräfte des Gefühls und Begeisterungsfähigkeit zu wecken. Die Wirkung war auch politisch: Li sagte seiner Zeit einen revolutionären Frühling voraus, dem Gerede vom altersschwachen China ins Gesicht. Und er sagte, sozialdarwinistisch interpretierend, das Überleben und die Überlegenheit jugendlicher Nationen gegenüber altersschwachen Nationen voraus, zu denen er damals die Ententemächte rechnete, während ihm Deutschland noch zu den „jungen" Nationen zu gehören schien [38].

Dieser emotionalen, stark religiös gefärbten Argumentierweise fällt auch die historische Perspektive dahin: dem Augenblick wird die historische Grenzscheide zugesprochen, was vorher war, heißt zwar noch Geschichte, aber es ist die alte, verrottete Geschichte der weißen Häupter, die der neuen, blühenden Geschichte der Jugendlichen „von jetzt an" entgegensteht. Geschichte wird hier zum Naturgeschehen, im gegenwärtigen Frühling der Jugend kommt das Beste aus dem Herbst des Alters wieder hervor, wenn auch die historische Tat nicht ausbleibt, nämlich „die Geschichte der weißen Häup-

[37] Hier wieder W. Franke op. cit. passim.

[38] Der Aufsatz Ch'ing-ch'un (Grüner Frühling) erschien zuerst in Hsin Ch'ing-nien (La Jeunesse) II, 1 v. 1. 9. 1916.

ter dem Feuer zu überantworten", damit dem Neuen der Weg gebahnt werde. Immerhin, das Feuer verwandelt auch das Alte in das Neue hinein – das neue China *erwächst* aus dem alten [39].

In einem zwei Jahre später (1918) veröffentlichten Aufsatz unter dem Titel „Heute" klang das Thema wieder an [40]. Es ist gewiß kein Zufall, daß dieses „hic et nunc" zum Schlagwort eines geistigen Aufbruchs werden konnte, das „ibi et tunc" der gewohnten konfuzianischen Rückblende mußte durchbrochen werden, die Vergangenheit endlich dahinfallen, im „Heute" das „Morgen" gewonnen werden. Und doch ist auch dies, wenn ich es recht sehe, ein Stück tief verwurzelter geistiger Überlieferung: der Herrscher, der „den" Auftrag hat, verwirklicht die Ordnung der Welt „jetzt", wo in der Perspektive der Vergangenheit gelebt wurde, mußte sich die Zukunft im heutigen Tag erfüllen. So ruft auch Li auf, sich umzuwenden zum heutigen Tag, an dem das Große geschieht. Mao Tse-tung ist ihm hier gefolgt. China ist ihm hier gefolgt. Schon T'an Ssu-t'ung hatte philosophiert, daß alles Gegenwart sei, Vergangenheit und Zukunft nur Aspekte des Präsens [41].

Li Ta-chao hat am deutlichsten die religiöse Rolle im Konzert der Stimmen jener Zeit gespielt im Sinne eines Pan-Subjektivismus, der sich aus dem Rausch des Ich-Erlebnisses heute in die ewige Ich-heit der unbegrenzten Welt hinein ausweitet und fortsetzt. Der Konfuzianismus stand hier schon gar nicht mehr zur Diskussion, er war gleichsam im Blitzeinschlag des „Heute" aufgehoben, und die Jugend begann bereits damit, eine neue Welt zu erbauen. Die Bolschewiki erschienen diesem Deuter seiner Zeit als die echten Vertreter solcher Präsens-Philosophie, der Sieg der Alliierten im November 1918 wurde ihm zum Sieg der Menschheit, die nun freie Bahn hatte für neue Aufgaben. Er war der erste Chinese, der in einer Zusammenschau von Oktober 1917 und November 1918 den Beginn der Weltrevolution verkündete. Aber er hielt sich nicht allzulange mit der Untersuchung der Frage auf, wieweit der Marxismus auf China Anwendung finden könne oder nicht. Für ihn war bald China als Ganzes, als vom internationalen Kapital unterdrückte Nation, das Proletariat, konkret rief er als einer der ersten zu demokratischer Einheitsfront und Volksregierung auf. Li Ta-chao war derjenige unter den frühen chinesischen Marxisten, der aus eigenen Voraussetzungen, einem tief angelegten chinesisch-nationalen Bewußtsein heraus, die Leninsche Formel der Weltrevolution umzudeuten verstand.

[39] A.a.O. (hier nach einem japanischen Nachdruck einer 1957 in der Volksrepublik herausgegebenen Aufsatzsammlung von Autoren der Vierten-Mai-Bewegung, Tokyo ^{2}1969, bei Daian, 171).

[40] Zuerst erschienen in „Politische Vierteljahresschrift" (Yen-chih chi-k'an) v. 1. 7. 1918 nach dem jap. Nachdruck 177–184.

[41] Vgl. oben aus seiner Schrift „Über die Menschenliebe", s. Anm. 26.

Es kommt noch ein Moment hinzu, das diesen Mann vor anderen heraushebt, die Erkenntnis nämlich, daß Chinas Revolution auf dem Lande zu erfolgen habe. Schon im Februar 1919, mehr als zwei Jahre vor der Gründung einer ganz auf Arbeiterbewegung und Internationalismus ausgerichteten Partei, rief er die Jugend auf, in die Dörfer zu gehen. Weniger von Schriften russischer Narodniki beeinflußt, als vom japanischen Beispiel einer „Neues-Dorf"-Bewegung, die er i. J. 1916 kennengelernt hatte, forderte er seine Zeitgenossen dazu auf, die wahren Probleme Chinas und ihres eigenen Lebens auf dem Lande und bei den Bauern zu finden [42]. „Arbeitet vom Aufgang der Sonne bis zum Niedergang", rief er ihnen zu, „eßt, was Ihr selber auf dem Acker baut, trinkt aus den Brunnen, die Ihr bohrt. Die ihr Leben in der Ackerfron verbringenden Alten, Frauen und Kinder, sie sind Eure engsten Gefährten. Jene Welt des Hüttenrauches und der blinkenden Hacken, des Hahnenschreis und der bellenden Hunde, das ist Eure Welt, in der sich Euer Leben erfüllen wird." [43] So veröffentlicht im Februar 1919 und, man darf hinzufügen, verwirklicht im Zuge der seit 1928 in Gang gekommenen chinesischen Revolution auf dem Land, Chinas eigentlicher Revolution. „Anders als in Rußland", folgert M. Meisner, „wo der Populismus vom Marxismus überholt und vom Leninismus unterdrückt worden war, gelang es den von Li eingeführten populistischen Einflüssen, zu überleben und sowohl zu einem Teil der maoistisch-marxistischen Weltanschauung wie auch zu einem besonderen Element innerhalb der revolutionären Strategie Maos zu werden." [44]

Gegenüber dem Internationalisten der Nationalist, gegenüber dem Führer einer Arbeiterbewegung der Visionär des Bauernaufstandes, gegenüber dem Rationalisten der Voluntarist – in diesem Paar bekunden sich alternativ die beiden Möglichkeiten der radikalen Revolution im China des 20. Jh. Li Ta-chao, der Nationalist, der Populist, der Voluntarist ist für das, was sich hernach vollzog, der typischere Ausgangspunkt. In diesem Sinn kann schon bei ihm von einer Sinisierung des Marxismus gesprochen werden. Er genießt auch heute noch das hohe Ansehen eines frühen Revolutionärs, der für die Sache der Revolution ein Märtyrer wurde. Er wurde 1927 während einer Razzia der Pekinger Polizei im Gebäude der sowjetrussischen Botschaft verhaftet und bald danach erschossen.

[42] Hierzu M. Meisner, loc. cit., bes. 163 ff. Das russische Beispiel, das Li hier eigens nennt, sei ihm, so Meisner, wahrscheinlich aus sekundären Quellen bekanntgeworden.
[43] Nach dem jap. Nachdruck S. 235, es ist die Schlußsentenz des Aufsatzes.
[44] M. Meisner, loc, cit., 164 f.

3.

In der Zusammenfassung der drei Beispiele ergeben sich zuletzt deutliche Kontraste, die danach fragen lassen, wieweit hier noch Vergleichbares gegeben sei. Das gemeinsame Verhältnis zum Konfuzianismus bleibt zunächst der komparatistische Ausgangspunkt. Von einem tapferen Versuch seiner Neubelebung in einer Zeit der Gefahr wandelte sich die Haltung zu der einer radikalen Ablehnung des Konfuzianismus unter neuen Bedingungen der äußeren und inneren Lage Chinas. Nun sind dies herausgegriffene Beispiele aus einem vielfältigeren Fluß des Denkens und Umdenkens, und sie machen eindeutige Aussagen auch nur zum Konfuzianismus, weniger zu den beiden anderen Traditionen, die das Spektrum des chinesischen Kulturerbes erst vervollständigen würden. Dazu läßt sich sagen, daß das Gewicht des Konfuzianismus in dieser Zeit tatsächlich ungleich größer als das der beiden anderen Traditionen gewesen ist, und die Bildung eines sog. „Konfuzianers", den es terminologisch in China nicht gab (vielmehr nannte man ihn einfach einen „Gelehrten", allerdings im Kontrast zu praktizierenden „Buddhisten" und „Taoisten"), umschloß immer auch Elemente des Taoismus und nicht selten des Buddhismus, zu sehr hatten sich diese in der chinesischen Bildungswelt im Verlauf der Jahrhunderte durchsetzen können. In einzelnen Fällen spielte der Buddhismus als die sublime Philosophie im Denken der führenden Geister auch in der Neuzeit eine wichtige Rolle (s. o. S. 15). Mitunter bot er sich als die *chinesische* Hochreligion im Gegensatz zum fremdländischen Christentum an. Von hier aus gesehen, nahmen Taoismus und Buddhismus an dem allgemeinen Niedergang der traditionellen Weltanschauung teil. Wo sich selbständige religiöse Formen entwickelt hatten in Gestalt von Klöstern und gemeindeartigen Versammlungen, blieben diese im Prozeß der revolutionären Veränderungen reduziert erhalten oder sie lösten sich auf.

Ein weiteres Element der Vergleichbarkeit ist die Verhaftung an die traditionelle chinesische Bildung. Auch die Schriften der revolutionären Autoren des 20. Jh. sind jedenfalls stilistisch und meist auch vom Inhalt her klassisch geformt. Den jeweils neueren Autoren: gegenüber Tseng Kuo-fan also T'an Ssu-t'ung, gegenüber K'ang Yu-wei dann Ch'en Tu-hsiu, fließen mehr und mehr Begriffe und Sachverhalte aus dem europäischen Kulturbereich ein; aber die Argumentation kann sich, um der Wirkung auf den intellektuellen Leser willen, gar nicht freimachen von literarischen Traditionen und Konventionen. Die Auseinandersetzungen, von denen hier die Rede ist, sind Auseinandersetzungen innerhalb einer intellektuellen Elite gewesen, die im 19. Jh. auch politische Führungsschicht war und im 20. Jh. noch genug historisches Bewußtsein hatte, um im gegebenen Niveau zu bleiben.

Eine dritte gemeinsame Komponente der drei Beispiele ist die historische Komponente selber. Es handelt sich durchweg um Reaktionen aus gleicher Betroffenheit von Niedergang und Wandel. Das Bewußtsein von Menschheit wird in den sechs Jahrzehnten von 1860–1920 radikal verändert, d. h. erweitert und damit verunsichert, während der Faktor der Veränderung, nämlich die europäisch-amerikanische (später auch japanische) Herausforderung, gleichbleibt. Alle drei Beispiele stammen aus einer Epoche, die mehr und mehr als eine solche des Übergangs und darin zugleich als *eine* Epoche empfunden wird. Der Autor von 1920, der den Autor und Akteur von 1860 kritisiert, tut dies durchaus in eigener Sache; die historische Relevanz der vergangenen sechs Jahrzehnte ist für ihn fühlbar und bedrängend.

Noch eine vierte Vergleichslinie ist zu beachten, die zu dem hier vorgelegten Versuch eigentlich den Anstoß gegeben hat, nämlich die banale gemeinsame Bezogenheit auf China, das es zu „stärken", zu „erneuern" und zu „revolutionieren" galt [45]. Zweifellos wird hier die Frage nach einem chinesischen Nationalismus wach, der einerseits längst (mindestens seit dem 17. Jh.) als Anti-Mandschu-Bewußtsein lebendig war, andererseits aber erst im Zusammenstoß mit dem Westen den „kulturalistischen" Inhalt bekam, als welchen wir den chinesischen Nationalismus begreifen gelernt haben. Der Nennwert China ist in erster Linie ein kultureller, der sich von der Sprache her über das Familienethos zur religiösen, staatspolitischen und literarischen Tradition hin auffüllen läßt. Dahinter verbirgt sich auch mehr: ein Bewußtsein langer gemeinsamer Geschichte, ausgedrückt in dem Topos der fünftausend Jahre, gemeinsamer Institutionen und Wirtschaftsformen, die dem Bauern als Produzenten immer den Vorrang ließen gegenüber dem profitierenden Händler und die den staatlichen Amtsträger hoch über die übrige Gesellschaft stellten, und auch ein Bewußtsein gemeinsamer Mythen, die viel mehr von romantischem Erzählgut aufbewahrten als das konfuzianische Erbe hatte durchblicken lassen.

Im gegebenen historischen Zusammenhang können wir die drei hier beschriebenen Beispiele vielleicht als einen Prozeß der Reduktion auf eine Grundlinie des Verhaltens verstehen, bei welchem das erste Beispiel einen bewußten Rückgang auf die Grundquelle, gleichsam auf den Nullpunkt des konfuzianischen Ansatzes, die Modellierung des zeitlos guten Menschen auf der Basis harmonischer Sozialordnung deutlich machen kann. Nachdem dieser Weg unter dem rasch zunehmenden Druck der modernen Anforderungen

[45] Begriffe aus der chinesischen politischen Literatur in der Zeit: „Selbststärkung" *(tzu-ch'iang)* galt für die sechziger Jahre und danach, „Erneuerung" *(wei-hsin)* für die Reformperiode der späten neunziger Jahre, und „Revolution" *(ko-ming)* wurde durch Sun Yat-sen und seine Anhänger seit der Jahrhundertwende populär gemacht.

sich als ungangbar erwies, mußte der zweite Versuch der Einpassung des Erbes in die neue Umwelt darauf hinauslaufen, die konfuzianische Überlieferung umzudeuten, sie für die moderne Welt geeignet zu machen, sie umzubilden von einer sozial-ethischen Pädagogik zu einer Politik der sozialen Reform. Und als auch dies dem Gang der Ereignisse nicht mehr gerecht werden konnte, mußte der dritte Versuch, wieder in Konsequenz zu den beiden ersten, die bis dahin als gültig erschienene Weltanschauung und Systemgrundlage, nämlich den Konfuzianismus, ganz und gar abschaffen, das Hindernis auf dem Weg zu einer durchgreifenden Erneuerung nun auch im vollen sozialen Sinne des Wortes beseitigen und die mannigfaltigen Reformansätze, die allzuoft Ansätze geblieben waren, durch die Revolution überholen.

Jeder dieser drei Versuche, eine Erneuerung Chinas aus der eigenen Substanz heraus endlich in Gang zu setzen, stand dem jeweils anderen Versuch scheinbar diametral entgegen. Die Anhänger des ersten Versuchs der Restaurierung Chinas mit Hilfe westlicher Technik standen im Gegensatz zur damals strikt fremden- und neuerungsfeindlich gestimmten Hofpartei und sahen sich später selbst im Widerspruch zu dem zweiten Versuch der politischen und sozialen Reformen. Die Reformer wiederum, fortschrittlich einst, wurden sich nach und nach ihrer Rolle als Kritiker der Revolutionäre des 20. Jh. (keineswegs nur der Kommunisten!) bewußt und mußten darum von diesen als Vertreter der Reaktion angesehen werden. Trotzdem befinden sich alle drei Versuche, deren letzter China mehr verändert hat als irgendein Versuch zuvor, auf der gleichen Grundlinie einer Erneuerung Chinas um Chinas willen. Und so wird einsehbar, warum doch immer wieder chinesische Normen und chinesische Konstanten menschlichen Verhaltens in den Vordergrund drängten auch und gerade dort, wo man sie als solche nicht ausdrücklich anerkennen möchte.

Worin können wir endlich die chinesischen Normen und Konstanten sehen? Wie läßt sich ein Substratum chinesischer Kultur durchgängig definieren, als welches wir die Substanz des Erneuerungswillens und die Bedingung der Möglichkeit zu ihrer Durchführung zu verstehen hätten?

Es sei im folgenden versucht, bestimmte Merkmale (in einem allgemeinen Sinn) zusammenzustellen, die von der Ebene der agrarischen Produktionsweise bis zur kosmologischen Spekulation reichen, insoweit diese nämlich Ausdruck sein kann spezifischer Denkhaltungen, die rudimentär auch für die breiten Massen gelten dürfen. Es soll also zwischen der bisher im Vordergrund der Diskussion stehenden Elite und der Bevölkerung im Ganzen eine Verbindung hergestellt, die Reduktion vom Überbau zur Basis auch soziologisch verständlich gemacht werden.

1. Der chinesische „Typus" im kulturanthropologischen Vergleich ist der des agrarischen Menschen – und zwar so weit zurück in der Zeit wie die Grabungswissenschaft das nur feststellen kann; hier ist die Feststellung F. H. Kings von „Bauern durch vierzig Jahrhunderte" noch zu bescheiden [46]. Dieser agrarische Typus ist ein Typus der Anpassung. Das „ganze Ineinanderwirken von Land, Wasser und Mensch ... hat eine einzigartige Synthese von Mensch und Natur herbeigeführt" [47]. Im Falle Chinas läßt sich dieser angepaßte, bodenständige, agrarische Typus besonders gut abgrenzen gegen den raumgreifenden, erobernden und nomadischen Typus Zentralasiens [48].

2. Dieser angepaßte und bodenständige Typus, den nur Katastrophen zum begrenzten Ortswechsel veranlassen konnten, entwickelte eine Lebenseinstellung, die man als Bescheidung im Hier und Jetzt umschreiben kann – im „Hier", d. h. eben Bodenständigkeit, Heimatbewußtsein und Regionalismus, im „Jetzt", d. h. ein ausgeprägter Sinn für das konkret Gegebene, das unmittelbar Praktische, auch für den möglichen Lebensgenuß. Praktischer Realismus und eine relative Vernünftigkeit sind dem chinesischen Typus häufig nachgesagt worden.

3. Dieser Typus ist grundsätzlich gruppenfreundlich und herrschaftsskeptisch eingestellt. Dem scheint die exemplarische Ausbildung einer Herrschaftshierarchie zu widersprechen, deren Ritualisierung und Dependenz von einem höheren „Auftrag" jedoch die wirklichen Dimensionen aufzeigen. Gruppenkohäsion ist als solche kein spezifisches Merkmal, in Verbindung mit der oben genannten Bescheidung im Hier und Jetzt haben sich als „typisch chinesisch" Ausgleichsstreben, Verhandlungsbereitschaft und der pragmatische Kompromiß entwickelt, der möglichst herrschafts- und satzungsfrei gehalten wird.

4. In einem Kontrast zur grundlegenden Angepaßtheit und Anpassungsbereitschaft tritt hohe emotionale Steigerungsfähigkeit hervor. Hierher gehören äußerst wirkungsvolle demonstrative Akte der Massen, die sich gelegentlich bis zu wüster Gewaltanwendung zu steigern vermochten, wir kennen auch das hohe Pathos des Schauspiels, der Lehrdarbietung, wie auch den dramatischen Gestus des Selbstmords u. a. m. Vielleicht handelt es sich, psychologisch gesehen, um einen dramatisierenden Ausgleich zur temperierenden Wirkung von konstanter Anpassung [49].

[46] Vgl. F. H. King, Farmers of fourty centuries; or, permanent agriculture in China, Korea und Japan, Emmaus, Penn., o. D.

[47] Gerald F. Winfield, China: The Land and the People, New York ²1950, 36.

[48] Owen Lattimore, Inner Asian Frontiers of China, Boston 1962.

[49] Aus der umfänglicher gewordenen Literatur zur psychischen Typologie des Chinesen: Francis L. K. Hsü, Chinese kinship and Chinese behavior, in: China in Crisis, Chicago 1968, vol. I, book 2, 579 ff.; Paul Hiniker, Chinese attitudinal reactions to forced

5. Gruppenfreundliche Einstellung führt primär zum Familismus, zur Sippenkohäsion, wo die Lebenskonflikte im Rahmen der Familie als den von Urzeiten her vorgegebenen gesellschaftlichen Rahmen ausgetragen werden, unterbaut von der Weihe des Ahnenkultus, der als der am weitesten verbreitete religiöse Kultus der Chinesen in allen lokalen Varianten angesehen werden kann. Diese Einstellung geht aber weiter auf andere Gemeinschaften mit Lebensbindung: im Dorf, in der Handwerkszunft und Kaufmannsgilde, in der intellektuellen Lehrgemeinschaft, die auch durch den gleichen Jahrgang bei den staatlichen Prüfungen gebildet wird, und in der aktuellen Kampfgemeinschaft eines militärischen Verbandes wie der latenten innerhalb einer religiösen Geheimgesellschaft. Im übrigen ist es die Landsmannschaft einer Provinz, die eine politisch relevante Gruppensolidarität erzeugen kann.

6. Praxisbezogenheit und Sinn für das Konkrete bringen mit sich Rationalität und Ordnungsdenken. Rationalität und Einsicht in konkrete Zusammenhänge sind die Voraussetzung etwa für Handelstüchtigkeit, die dem Chinesen durchweg nachgesagt wird. Ordnungsdenken erweist sich aber auch früh als erfolgreiche Voraussetzung für den Aufbau einer Reichsverwaltung von zunehmender Effizienz – der Amtsträger ist neben dem bäuerlichen Produzenten der signifikanteste Rollenträger in der traditionellen chinesischen Gesellschaft. Dieses Erbe wird ein wichtiges Hilfsmittel für die zukünftige ökonomische Entwicklung bleiben, die hohe Rationalität voraussetzt. Das schließt nicht aus, daß immer ein spontaner Gemeinschaftssinn durchschlagen wird, der sich von Gesetzesparagraphen nicht einengen läßt. Die Chinesen sind für den absoluten Gehorsam psychologisch schlecht vorbereitet.

Die folgenden sechs Punkte bezeichnen ideologische Positionen, die sich lose an den vorhergehenden sechs Punkten orientieren.

7. Ideologisch folgt aus der Anpassungs-, Einfühlungs- und Entsprechungsbereitschaft die Neigung, den „weichen" Weg dem harten der Konfrontation vorzuziehen, das andere als das Entsprechende, das Eigene als Korrelat zu anderem zu begreifen. Daraus folgt die Relativierung des Ego,

compliance, MIT Cambridge, Mass., 1965; Lician W. Pye, The dynamics of hostility and hate in Chinese political culture, MIT Cambridge, Mass., 1964; Wolfram Eberhard, Guilt and Sin in Traditional China, Berkeley 1967; Richard H. Solomon, The Chinese political culture and problems of modernization, Cambridge, Mass., 1964; Interessant auch: Robert Jay Lifton, Thought Reform and the Psychology of Totalism. A Study of „Brainwashing" in China, New York [2]1963, mit einer Fülle von weiteren bibliographischen Hinweisen.

vielleicht auch die spezifische Form der Höflichkeit. Ein Autor hat in diesem Zusammenhang einmal von der „femininen" Kultur Chinas gesprochen [50].

8. Zyklische Vorstellungen, die von einer begrenzten Endlosigkeit des in steter Bewegung befindlichen kosmischen Ablaufs ausgehen, scheinen aus der isolierten und durch große Regelmäßigkeit des klimatischen Ablaufes der Jahreszeiten gekennzeichneten geographischen Lage Chinas in der Monsunzone hervorzugehen. Die Verwendung jahreszeitlicher Begriffe in der historiographischen Tradition und darüber hinaus ist wenigstens auffällig. Das Naturgeschehen ist überhaupt begrifflich vielfach auf soziales und politisches Geschehen bezogen.

9. Die Annahme, daß es eine Dualität aller Erscheinungsformen gebe, die eine dialektische Einheit bilde als Bedingung für die Bewegtheit des Kosmos und für den stetigen Wandel der Dinge, mag gleichfalls die Folge dieser Einfügung in das Monsunklima Ostasiens sein. Yin und Yang als Symbole von Nacht und Tag, Mond und Sonne, weiblichem und männlichem Prinzip stehen auch für den stetigen Wechsel von Winter und Sommer, östlichem und westlichem Wind, die vielfach als Metaphern verwendet werden.

10. Konkretion im Wirklichen führt zum Drängen auf Realisation des Gedankens, daher finden wir immer wieder den Primat der Praxis vor der Theorie, der Lebensweisheit vor dem abstrakten Kalkül, daher auch die Neigung zum Synkretismus statt zu dogmatischer Fixierung. Lehre zielt immer auf Haltung und Verhalten, Wissen ist Mittel zur rechten Einstellung auf Welt und Umwelt.

11. Die Besonderheit der Sprache, der Schrift, der fixierte Gedankengang – auch hier kommen die Elemente der Einfügung, der Anordnung in Entsprechungen, der Analogie an Stelle der formalen Logik, der Meditation vor der Mathematik, der Gedächtnisleistung vor der freischaffenden Phantasie zum erkennbaren Ausdruck. Hier jedoch scheint der Wandel durch moderne Technik und Naturwissenschaften am raschesten zu wirken; man übersehe wiederum nicht, daß es ethische und politische Werte sind, die demgegenüber hervorgehoben werden („Rot" vor „Expertentum").

12. Die hohe emotionale Steigerungsfähigkeit in der Darbietung vorgestellter Dinge zeigt sich auch in der literarischen Rhetorik. Man kann die gelungene Anklageschrift und das klassische Gedicht, dessen Anfertigung jedem Gebildeten möglich war, als Verdichtung von Gedanken und Gefühl in eine Linie stellen mit dem dramatischen Gestus eines Selbstmordes oder einer Massendemonstration. Die scheinbare Disparität dieser Ausdrucksfor-

[50] Rudolf Mell, Autor des Buches „Wochenend am Wendekreis", Stuttgart 1955, hat diesen Begriff in einem Aufsatz über China in der Wochenzeitung „Sie" i. J. 1949 verwendet.

men schwächt sich ab, wenn man berücksichtigt, wie sehr auch im Medium der klassischen Sprache die äußerste Konzentration des Sagbaren eine solche des Denk- und des Fühlbaren voraussetzt.

Die hier genannten zwölf Merkmale sind nicht vollständig, und sie haben auch nur eine bedingte Folgerichtigkeit. Aber sie umgreifen doch signifikante Züge des chinesischen Typus, der hier als Kulturtypus zu verstehen ist und nicht etwa als Rassentypus. Der Konfuzianismus und die anderen religiös-philosophischen Traditionen sind Produkte dieses Typus ebenso wie sie auf ihn prägend eingewirkt haben – daß z. B. das taoistische Pantheon, das volksreligiösen Ursprungs ist, einem hierarchischen Beamtensystem gleicht, ist deutliche Folge staatskonfuzianischer Einflüsse. Dieser Kulturtypus übergreift zahlreiche regionale Varianten, die im Verlauf einer vieltausendjährigen Entwicklung aus mehr selbständigen Kulturtypen (tibetischer, birmanischer, thaiistischer Herkunft) in den chinesischen Typus hineingewachsen sind [51]. Dazu kommt die relative geographische Isoliertheit des chinesischen Raums sowie seine starke kontinentale Bindung bei verhältnismäßig geringem maritimen Kontaktreiz (in diametralem Gegensatz zu Japan!), die gewiß zur Formung des chinesischen Typus beigetragen haben.

Die hier zu vertretende These geht darauf hinaus, den in diesem Versuch geschilderten Reduktionsprozeß traditioneller Verhaltensmuster zu beziehen auf eine konkrete und noch lebendige Grundschicht, die einstmals, allerdings in einem noch einfacheren sozialen Entwicklungszustand, diese Traditionen hervorgebracht hatte und sie gleichsam wieder einholt, um einer veränderten Situation besser zu entsprechen. Die durch die totale Herausforderung erzwungene Antwort muß ihrerseits total genug sein, um den sozialen Organismus, genannt China, am Leben zu erhalten, und daher: „Selbststärkung", „Erneuerung" und „Revolution"! Die genannten Konstanten, die bescheidener „Merkmale" einer behaupteten chinesischen Kulturkonstanz genannt wurden, müssen als historische Entwicklungsergebnisse verstanden werden etwa bis um die letzte Jahrhundertwende, und nicht als biologisch etwa schon fixierte Invarianten [52]. Das würde bedeuten, daß, auf Dauer gesehen, auch dieses sinische Substratum dem technologischen Impakt nachgeben muß, der erst in der zweiten Hälfte unseres Jahrhunderts eigentlich zu wirken begonnen hat. Aber es kann auch so sein, daß dieses dabei für die Lebensbedingungen in der technisch-wissenschaftlichen Welt eine Form findet, die sich un-

[51] Wolfram Eberhard, Lokalkulturen im alten China, 2 Bde., Leiden 1942, vol. II in d. engl. Übers. „The local cultures of South and East China", Leiden 1968.

[52] Dies ist ein Satz, der sich aus der kritischen Diskussionsbemerkung Herrn M. Steiners (vgl. Fußnote S. 7) ergibt und damit zunächst, dem Forschungsstand gemäß, negativ beantwortet werden muß, s. o. S. 7 *.

terscheidet von der herkömmlichen Form, die anscheinend auch Japan erfaßt hat. Für den historischen Augenblick des Beginns der siebziger Jahre ist jedenfalls die Ansicht vertretbar, daß der Umbruch Chinas vor allem die Überbauelemente, d. h. die Traditionen betroffen habe. Wie weit die Basis in dem hier gebrauchten Sinn bereits affiziert sei, ist eine offene und kaum schon zu beantwortende Frage. Die Formulierung dieser These legt nahe, daß in diesem Sinne auch der Kommunismus als ein neues Überbauphänomen zu verstehen ist, welches ebenso von der Basis her neu bestimmt wird wie es umgekehrt auf sie einwirkt in dialektischem Geben und Nehmen.

Die Veränderungen in China seit dem Jahr 1949 erfassen den gesamten sozialen Zusammenhang, der allerdings durch jahrzehntelange Diffusion und Konfusion längst aufgelockert war [53]. Wieweit die Individuen in ihren jeweiligen Gemeinschaften schon moderne Menschen geworden sind, was immer das sei, ist fraglich. Sie werden jedenfalls daraufhin erzogen, dies *nicht* im westlich-kapitalistischen und ebensowenig im osteuropäisch-sozialistischen Sinn zu sein. Der neue sozialistische Mensch in China bietet sich also wieder dar als – chinesischer Typus.

[53] Auch hierzu vgl. wieder J. R. Levenson, op. cit., bes. vol. III, 110 ff.; ferner Stuart Schram, The Political Thought of Mao Tse-tung, Penguin Books, 1969, und: Die permanente Revolution in China, edition suhrkamp 151, 1966; ferner Robert Jay Lifton, Die Unsterblichkeit des Revolutionärs. Mao Tse-tung und die chinesische Kulturrevolution, München 1970; eine spezifische Diskussion des Problems der chinesischen Erneuerung findet sich in einer demnächst erscheinenden Arbeit von Arnold Zingerle (Bochum) über Max Weber und China. Herrschafts- und religionssoziologische Grundlagen zum Wandel der chinesischen Gesellschaft (b. Duncker & Humblot, Berlin).

Summary

During the last decade or so there has been a shift in evaluating Communist China from a more Soviet influenced view to a "taking-China-much-more-serious" one. China seems to follow her own line again in contrast to Soviet Russian models of the recent past. The question raised in this paper aims therefore at defining something like a common Chinese pattern of change which involves decline of past traditions together with the development of new ones. In order to show this, three outstanding examples of Confucianist reactions to the new situation are described from about 1860 down to 1920, followed by an attempt at systematizing certain common features of a Chinese culture model which would serve the purpose of holding China together in the face of sweeping changes.

The situation during the 18th century seems to indicate a cultural standstill beneath the surface of maximum political achievement. There were few, if any, new creative forces which would have pushed China to a more favourable position against the oncoming challenge of Western aggressiveness. Painstaking textcritical scholarship brought new light on understanding China's ageold Classics paving the way for modernizing interpretations later, and a growing insistence on practical studies brought younger generations to become aware of China as a huge pulsating social and economic organism thereby preparing them for resistance against Western impacts. But the Chinese society as a whole seemed to remain unmoved.

The downfall of Confucianism in the 20th century thus started well during the 19th already. Tseng Kuo-fan (1811–1872) was as disgusted from formalism and corruption within official Confucianism as many of his contemporaries, but his fate it was to start anew in the midst of rebellion and turmoil during the T'ai-p'ing upheaval (1850–1864). Tseng found a new synthesis of personal integrity and public efficiency in politics and warfare. He had his subordinates follow his line of simplified Confucianism, and give a new example of honesty and ability along Confucius' precepts in the face of disorder and outward aggression. He lived up to the old Confucian ideal of "sageliness within and kingly attitude without". Some of his friends even thought of having him become the new king in truth, but not only political realities of the day, also his very Confucianist honesty and loyalty kept him from doing so. Thus he became the saviour of the Manchu dynasty, a supporter of conservatism in the Chinese society, one of the first modernizers in China and possibly the last convincing Confucian. Later generations have admired him, others accused him of being a counter-revolutionary or, even worse, a traitor.

The following examples deal with the transformations from this "last stand of Chinese conservatism" (M. C. Wright) towards reform and revolution. T'an Ssu-t'ung (1866–1898), fellow provincial of Tseng, took the urge to modify China's most important tradition, Confucianism, more serious than most of his contemporaries. He developed a new concept of humaneness *(jen)* pervading the cosmos and the whole of humanity, similar to the Christian concept of love, out of which he thought to induce the Chinese to break through the fetters of social obligations which in fact inhibited true humanity. He even asked for a revolutionary breakup of the old system if it should prove too tenacious for radical change. Unlike Sun Yat-sen, however, who developed his notion of practical revolution through conspirative action at about the same time, T'an was more of a cultural revolutionist. And yet, he kept to basic Confucianist tenets trying to save the "true" content of Confucianist social ethics.

K'ang Yu-wei (1859–1927) was his master and companion. He was the leader of the reformers who tried their hand at changing China in the last minute without success. K'ang attempted to change Confucianism itself by showing that many of the Classics which made Confucius a mere traditionalist of the past, were false, and that the genuine Confucius as revealed in other texts of untampered tradition had been a reformer like K'ang himself. He further attempted to make Confucianism a modern religion within a constitutional framework. This might have served Chinese conservatives well, but it was in fact a bold step towards secularizing a once holy tradition. As a last proof of his boldness K'ang brought in his modernized utopian view of the Confucian concept of "Great Unity" *(Ta-t'ung)*. K'ang astounded his contemporaries by dissolving without hesitation family and clan, China's most important cells of social life, in order to get at a complete collectivist state of order. Confucianism could hardly be kept after this in spite of the reformer's intention, K'ang's position is therefore less that of a reformer than one of the turn of the tide.

The last example shows two leading Chinese intellectuals around 1920 who did more than anyone else to push the young generation towards radical cultural and political revolution. Ch'en Tu-hsiu (1879–1942) was the man to hold an internationalist and basically Westernizing position, while his colleague and later party comrade within the Chinese Communist Party, Li Ta-chao (1888–1927), stood on the nationalist and Chinese ground. Li's arguments were not far from T'an's in searching the roots of meaningful life in oneself and becoming enthusiastic of new forces of action and engagement for China's sake. While Ch'en took the proletariat literally to be the basis of Communist policy, Li thought of China as a whole to be suppressed by international capitalism and imperialism. Ch'en tried to smash Confucianism in order to make way for modern theory and practice, Li didn't even talk of Confucianism anymore, finding a full load of new possibilities in real life and human response to a revolutionary challenge. Li called the youth to go to the countryside and find life and action there, Ch'en thought of studying abroad to learn better what China needed. Ch'en failed while Li's ideas became the reality of Mao's revolution.

These three examples are to show the gradual decline from a last stand of Confucianism still possible around 1860, through bold attempts at its functional change around 1898, to its total negation during the second decade of the 20th century. And yet China has remained very much what it was in spite of these fundamental changes within its brain. The problem hidden in this perplexing reality may be posed anew by a new theory of cultural change. It will be held here that religious tradition may not be a mere cultural lag but rather part of a broader socio-cultural complex into which this specific tradition may be reintegrated in order to formulate new ways of thought better fitting into a generally changed situation. Twelve aspects of a Chinese socio-cultural complex are proposed to make this clear.

(1) The Chinese ist the agrarian indigenous type of man who learnt to adapt ingeniously to his environment; he is well distinguishable from the roaming, conquering, nomadic type of Central Asia.

(2) This adaptive type learnt to stay where he was and developed a localist, regionalist attitude together with a consciousness for concrete and practical things.

(3) This type is group-conscious and sceptical against direct rule, leaning towards settling conflicts internally (family, village, or association), ready for negotiation and compromise, uneasy against administrative interference.

(4) In sharp contrast to moderate adaptiveness there is a high emotionality leading to dramatic demonstrations of single issues or group protest sometimes flowing into aggressive violence, possibly a psychic compensation for the usual temperation and moderation of adaptive rural existence.

(5) Group-consciousness is generally expressed in the form of familism with its outstanding religious expression of ancestor's cult, but there are other forms of group solidarity, too, within the village, the craftsmen's or mer-

chants' guilds, the school-mates or fellow-examinees, the military comradeship etc., regionalism sometimes develops the strength of a political force from a consistent social group.
(6) Sense for practical things and for the concrete are good for rational thinking as is required for good marchants, and for orderly administration of which China's history has ample proof, necessary requirements by the way, for modern development as well. Still, spontaneous group reactions may be detrimental to any attempt at establishing absolutist order.

The following six aspects will point to ideological correlates to the foregoing:
(7) The Chinese way seemed to be the "soft" way against harsh aggressiveness, involving a reduction of the Ego into a common fold, showing up in the specific art of courtesy and diplomacy, one observer (R. Mell) spoke of China's "feminine culture".
(8) Cyclical notions of the cosmos and the human way, the feeling of rhythm in one's own life and in society, may be reactions to the great regularity of a monsun climate throughout millenia, terms of annual seasons are much used in the intellectual sphere in general and in historical and political writings in particular, terms for seasons and directions combine to give structure to the human environment.
(9) The basic notion of duality pervading the cosmos and philosophical thought from early times may also have developed within this monsunal polarity of life in the East Asian sub-continent.
(10) A feeling for the concrete leads to conscious realisation of thought, practice will prevail over theory, wisdom over calculated theoremes, syncretism over dogmatic formulas, teaching will see to it that good behaviour will be achieved, knowledge will aim at finding one's right place in this world.
(11) Language, script, and literary styles seem to confirm what has been said about adaptive and correlative attitudes and notions, thought by analogy, meditative internalization of ideas, and excellent memory were the strengths of the Chinese mind; this may change more rapidly than other predispositions, but ethical rather than philosophical arguments seem to prevail to this day.
(12) Literary conciseness (or the painter's simplicity) may also be seen as another aspect of emotionality, Chinese rhethoric found its true expression in writing, thus a poem or a brilliantly written accusation became the equivalents to great Parliamentary speeches in the West.

These twelve aspects are not complete nor wholly consistent. Yet they convey something of the notion of a specific cultural type of man called

Chinese. The gist of this paper concentrates on the question, whether China's ageold traditions, Confucianism, Taoism, and Buddhism, once developed and molded within this common cultural context, could have been reduced to their basic level which we would call decline, out of which new forms of social reactions and ideological rationalizations may grow to fit into a world of rapid change. How far basic Chineseness will be itself affected by this change is much too early to assess. Present endeavours seem to aim at a new socialist man who will not be Western nor Eastern in the sense of burocratic socialism, but who will be – Chinese.

Diskussion

Herr Scheuner: Aus Ihrer Darstellung ging hervor, daß in der auslaufenden Zeit der chinesischen Großmachtstellung des 18. Jahrhunderts ein gewisser geistiger und politischer Stillstand eingetreten war. Das ist sicherlich eine Erscheinung, wie sie auch anderen Gesellschaften in der gleichen Zeit eigentümlich ist.

Lag der Grund darin, daß die alten Traditionen an sich statisch waren und sich aus sich selbst nicht hätten erneuern können, oder liegt die eigentliche Problematik in dem Zusammenstoß mit einer inzwischen seit dem späteren Mittelalter überaus dynamisch gewordenen Kultur, nämlich der europäischen, die in dieser Zeit eine Herausforderung für andere Kulturen darstellte?

Wenn man etwa das chinesische Beispiel mit dem japanischen vergleicht, dann könnte man sagen, daß sich die japanische Entwicklung, ohne ihre Wurzeln ganz abzuschneiden, doch offenbar in einem Moment des 19. Jahrhunderts bewußt aus der Tradition gelöst und sich für eine gewisse Periode der Annahme westlicher Vorbilder verschrieben hat, während in China dieser Prozeß wohl in Gang kam, aber entweder aus inneren oder äußeren Gründen nicht mehr in der Lage war, sich zu vollenden.

Herr Grimm: Im Falle des japanischen Beispiels ist es wohl etwas differenzierter zu sehen in der Mischung von traditionellen und neuen Elementen, ein Problem, das bis zum heutigen Tage ungelöst ist: höchstentwickelte Technologie steht nahezu unverbunden neben noch ganz konservativen Vorstellungen innerhalb der Gesellschaft. Das wird sich wandeln, aber auch hier stellt sich die Frage nach ganz eigenständigen Anpassungsformen.

Wenn man es etwas vergröbert sagen darf, dann sehe ich im chinesischen Fall das Beispiel einer Gesellschaft, die den Ehrgeiz hat, sich diese neue Welt in ihrer Gänze anzueignen und es nicht beim bloßen Ansatz der Übernahme der Technik bewenden zu lassen, wie das in Japan geschehen zu sein scheint.

Ich habe kurz von der chinesischen These der Erhaltung der eigenen Substanz und der Hereinnahme westlicher technischer Studien gesprochen. China hat sich damit nicht begnügt, sondern es möchte die Technik sozusagen noch einmal von innen heraus in den Griff bekommen und fortentwickeln.

Das scheint mir wichtig zu sein für die Erklärung der scheinbaren Lethargie, mit der das Schicksal im 19. Jh. zunächst hingenommen wurde. In Wirklichkeit lebten Verzweiflung und herbe Enttäuschung dicht unter der Oberfläche fort. Die Radikalität, in welche die ganze Entwicklung hineingeraten ist, scheint dafür ein Zeugnis zu sein: es muß von der Wurzel her etwas Neues geschaffen werden. Es genügt nicht, etwa die Gesellschaft, so wie sie von jeher gewesen war, zu belassen und ihr nur ein neues Element der Technologie hinzuzufügen.

Herr Scheuner: Ich darf noch eine Frage hinzufügen.

Dieser Vorgang ist ein weltweiter. Denn alle außerhalb der Hochzivilisation und Hochindustrialisierung stehenden Länder und Nationen wurden vor dieses Problem gestellt, so letztlich die Afrikaner, die radikal eine andere Kultur annehmen müssen, ohne doch ihre eigenen Wurzeln ganz zu verlieren.

Vielleicht liegen hier auch schon Wurzeln unserer eigenen Haltung gegenüber dem Amerikanismus. Europa ist in der Gefahr, in eine Lage zu geraten, in der es ähnliche Gefühle des Überwältigtseins durch eine mächtigere und raschere, dynamische Kultur empfindet.

Herr Grimm: Für Europa wäre geltend zu machen, daß die wesentlichen Elemente aus unserer eigenen Mitte hervorgegangen sind und jeweils von Stufe zu Stufe nachvollzogen und getragen werden konnten von den jeweils lebenden Generationen, die eine Konfrontation mit den amerikanischen Errungenschaften unnötig machen, die im Falle der außereuropäischen Kulturen jedoch in klassischer Schärfe auftritt.

Aber vielleicht sollte ich noch einmal auf den Anfang Ihrer Frage zurückgreifen, nämlich die Stagnation. Ich meine nicht, daß es sich hier um mehr oder weniger statisch gleiche Elemente gehandelt habe, die, sagen wir, seit Christi Geburt bis ins 19. Jahrhundert hinein mehr oder weniger unverändert geblieben wären. Immerhin ist der Buddhismus einmal von auswärts zu einer Zeit nach China vorgedrungen, als die chinesische Kultur außerordentlich lebendig, fruchtbar und verschiedenartig in ihrem geistigen Ausdruck war. Er ist hineingekommen und zu einem fruchtbaren Bestandteil der chinesischen Kultur umgeformt worden.

Man hat gelegentlich in der Diskussion dieses Beispiel herangezogen, um einen Vergleich zu heute zu ermöglichen. Ich glaube nicht, daß dies ein guter und passender Vergleich ist, weil die Problematik des 19. und 20. Jahrhunderts eine ganz andere ist, nämlich die einer Konfrontation mit einer anderen Welt. Stagnation heißt also nicht Stillstand, es hat sich die kulturelle Entwicklung in den letzten 300 bis 400 Jahren nur verlangsamt, etwa in Gestalt einer abflachenden Kurve, die eine solche langsamer sich bewegende Veränderung andeuten kann. Nicht zuletzt ist das in der Folge einer schrofferen autoritären Staatsführung geschehen, die auch den Konfuzianismus zu einer herrschenden und verbindlichen Doktrin erhob und die Gesellschaft einer ideologischen Kontrolle unterwarf. Das ist in den letzten vier bis fünf Jahrhunderten in einer gewissen Geschlossenheit gelungen, vorher war das nicht der Fall gewesen. Nur in diesem Zusammenhang kann man von einem Moment der Stagnation sprechen.

Ich sagte, ein Wandel stand bevor. Es mußte nicht der Wandel sein, den wir erleben. Es wäre beispielsweise denkbar gewesen, daß der kritische Punkt auch erreicht worden wäre ohne den Impakt des Westens und dann zu gewissen Umstellungen geführt haben würde, etwa im Wege der Zusammenfassung der drei Größen Konfuzianismus, Taoismus und Buddhismus zu einer einheitlichen Tradition oder aus einer Besinnung auf die Realitäten in Staat und Gesellschaft. Ansatzpunkte lassen sich schon erkennen.

Herr Kötting: Ich möchte noch eine Frage stellen, Herr Grimm. Sind die Veränderungen, die Sie für China aufgezeigt haben, tatsächlich von so grundlegender Art, daß sie größer und einschneidender erscheinen als in anderen Teilen der Welt? Die Veränderungen sind im wesentlichen sicher durch die Technik und die Industrialisierung hervorgerufen worden; wenn ich aber recht sehe, dann haben Technik und Industrialisierung ganz allgemein die Tendenz, zur Emanzipation von einer durch religiöse Tradition bestimmten Gesellschaftsordnung zu führen. Mir scheint, daß sich diese, der Technik eigenen Wirkungen auf die religiösen und die daraus großenteils erwachsenen Traditionen des Abendlandes, dem ersten Entfaltungsgebiet der Technik, ebenso deutlich gezeigt haben wie in China, nur ist innerhalb der sogenannten abendländischen Zivilisation noch keineswegs ausgemacht, wovon die bisher von einer gemeinsamen religiösen Tradition bestimmte Wertsicht und die darauf basierende Ordnung abgelöst werden sollte.

Herr Grimm: Ich glaube, daß die Umwälzung nicht in erster Linie durch das Hereinkommen der neuen Technik und ihre Möglichkeiten ausgelöst worden ist, und zwar deshalb, weil es ein Randproblem geblieben ist. Es ist gerade das besondere Kennzeichen dieser Revolution des 20. Jahrhunderts, daß sie über die Industriearbeiterschaft nicht funktioniert hat, weil dies nicht das gravierende Problem war, sondern es war das zunehmend übervölkerte agrarische Binnenland mit sich rasch zuspitzenden Gegensätzen, welches eine so ungeheure Größenordnung hat, daß sich aus einer nicht mehr tragbaren Situation die Umwälzung eben dort vollziehen mußte. Hier wurden neue Formen gesucht, um das Unzuträgliche wieder zuträglich zu machen, wofür in den mehr kollektiven Formen des Wirtschaftens und des sozialen Lebens anscheinend Voraussetzungen gegeben waren. Versuche in dieser Richtung hat es zahlreiche gegeben, so über das Genossenschaftswesen, über Modelldörfer, die keineswegs nur von Kommunisten konzipiert worden sind, sondern von Personen (vgl. den genannten Li Ta-chao), die diese Problematik sahen und merkten, daß hier etwas geändert werden mußte. Das hatte mit der Technik und ihrem eigentlichen Inhalt zunächst noch gar nichts zu tun.

Herr Schlipköter: Ich wollte zu dem Problem, das soeben angeschnitten wurde, konkret fragen: „Welche Rolle spielt heute der Begriff ‚Familie' in China? Ist sie noch bestimmend für das heutige und das zukünftige China? Oder meinen Sie, der Begriff sei eliminiert worden?

Herr Grimm: Anscheinend ist er noch mitbestimmend. Aber die Diskussion darüber wird immer wieder von neuem geführt und der Begriff in Frage gestellt, nicht zuletzt durch die Kulturrevolution. Ich meine also nicht, die Familie sei bereits eine erledigte Größe. Nach allem, was wir auch aus persönlichen Mitteilungen erfahren können, existiert sie, nun allerdings in der gewandelten Form, wie wir sie kennen, das heißt als Kleinfamilie mit Eltern und Kindern und wenigen nahen Verwandten.

Nun ist aber zum alten System noch hinzuzufügen, daß die uns so typisch erscheinende Großfamilie eher eine Erscheinungsform der Oberschicht gewesen ist, während die breiten Massen der Bauern, nicht anders als wir, zu fünf, sechs oder acht Personen als Arbeits- und Lebenseinheit gelebt haben. Die Berechnung der Steuer ging z. B. immer von Personengruppen aus, die zwischen fünf und sieben Personen lagen. Das zeigt also, daß es auch im alten China die Kleinfamilie war, die zählte. Die Großfamilie ließ sich nur dort etablieren, wo genügend Mittel vorhanden waren, um sie unter einem Dach unterzubringen.

Es war also schon damals ein Sonder-Phänomen, und sie ist darum verhältnismäßig rasch, und zwar nicht erst seit 1949, sondern schon seit der Jahrhundertwende, zusammengebrochen. Sie hat sich in natürliche kleinere Zellen aufgegliedert, und diese bestehen nach wie vor.

Herr Brandt: Mich hat sehr interessiert, was soeben gesagt wurde, daß nämlich die Technik in unserem Fall keine sehr große Rolle spielt.

Es gibt zwei Veränderungen, auf die ich aufmerksam machen möchte: die eine hat etwas mit der Technik zu tun, aber nur indirekt, nämlich mit Nachrichtenverbindungen, die dazu beitragen können, auch revolutionierende Dinge schneller durchzusetzen.

Die zweite Veränderung gibt es an vielen Stellen der Welt, nämlich die Abschaffung des Analphabetentums. Die Frage ist: Wieweit ist in China das Analphabetentum abgeschafft – in Rußland dürfte dies schon weitgehend der Fall sein – und wieweit wirkt die Tatsache, daß die Menschen lesen und schreiben können und daß moderne Nachrichtenverbindungen vorhanden sind usw. auf das Zusammenführen dieses Volkes von rund 750 Millionen Menschen? Und wieweit werden diese Dinge auf den Prozeß der revolutionären Veränderungen beschleunigend wirken? Wenn China nämlich all dies nicht hätte, dann würde natürlich eine Reformbewegung, welcher Art auch immer, sehr lange Zeit benötigen, um sich durchzusetzen.

Herr Grimm: Die Frage von vorhin – wenn ich darauf noch einmal eingehen darf – bezog sich mehr auf den Vorgang der Veränderungen, wie sie sich aus dem 19. Jahrhundert heraus zu vollziehen begannen.

Außer Frage steht, daß nun die kommunistische Revolution, nachdem sie zu ihrem Sieg gekommen ist, auch ihre neuen technischen Mittel einsetzt und dadurch Veränderungen ganz anderer Art herbeiführt.

Nachrichtenverbindungen bestehen, das ist ja selbstverständlich, und die Bekämpfung des Analphabetismus macht gute Fortschritte. Mir sind die Zahlen nicht geläufig, auch das ist eine Frage der Zeit.

Was soll das nun aber bedeuten? Natürlich wird das Ganze in einer ganz anderen Weise zusammengefaßt als je zuvor, aber auch früher war China bereits eine Einheit, wie sie sich über die Jahrhunderte hin allmählich entwickelt hat, bei aller Verschiedenheit regionaler Sonderfälle. Ich sehe hier noch kein Element, das sozusagen die totale Umkehrung mit sich bringen würde, die bisher nicht stattgefunden zu haben scheint. Sie wird den Ablauf beschleunigen und nichts anderes tun, als das Chinesentum als chinesische Nation zusammenzuführen. Zum erstenmal ist dieses Nationalbewußtsein im Widerstand gegen die Japaner in den dreißiger Jahren hervorgetreten und kann nun natürlich in diesem neuen Begriff in den nachfolgenden Generationen ohne weiteres durchgesetzt werden. In diesem Sinn ist die Frage zu bestätigen. In der Tat werden die modernen Mittel eine Zusammenführung der 750 Millionen ermöglichen. Damit ist aber die Frage nach dem Inhalt noch nicht beantwortet: Wodurch werden die Menschen gelenkt und aktiviert? Was erfüllt ihr Leben? Viele Beobachter sind der Meinung, daß im Widerstreit mit der Sowjetunion ein äußeres Signal zu erkennen sei, das anzeigt, wie deutlich das Chinesentum sich auf sich selbst zu besinnen entschlossen ist.

Herr Conrad: Mich würde interessieren, wie die Großfamilie früher ausgesehen hat und wie die Organisation gewesen ist.

Es ist eine allgemeine Entwicklungslinie in der Menschheit von der Großfamilie zur Kleinfamilie festzustellen. Innerhalb der europäischen Staaten ist die Entwicklung zur Kleinfamilie noch gar nicht so alt, wie man im allgemeinen glaubt. Es gibt heute noch gewisse Reste auch in den Kulturstaaten Europas, die auf die Großfamilie hindeuten.

Die Frage ist: Welches ist der Unterschied zwischen der Großfamilie in ihrer Organisation und der soeben erwähnten Kleinfamilie?

Herr Grimm: Die Großfamilie hat in der Regel drei Generationen: Großeltern, Eltern und Kinder, und die ganze Sippe lebt zusammen in einem Anwesen. Das war die Regel, und zwar mit dazugehörigem Dienerstab, Sklaven und einer weitgehenden Herrschaftsautorität des Ältesten, in der Regel des Großvaters, nicht selten der Großmutter.

Ich möchte in diesem Zusammenhang den Roman „Traum der roten Kammer" erwähnen, der auch ins Deutsche übersetzt worden ist und der die Großfamilie gut schildert und kennzeichnet.

Innerhalb dieser Familie gab es gewisse Regeln und Normen, auch in bezug auf das Recht. Hier wird mich vielleicht der Rechtshistoriker noch ergänzen können, wie weit das ging. Jedenfalls konnte innerhalb der Familie Recht gesprochen werden. Das ist in dieser Form innerhalb der Kleinfamilie nicht mehr gegeben, sondern die Kleinfamilie ist Bestandteil der allgemeinen Gesellschaft und unterwirft sich den Normen, die die ganze Gesellschaft regulieren. Das bedeutet nicht, daß die Großfamilie eine ganz autonome Einheit gewesen wäre; auch sie mußte sich der allgemeinen Gesellschaftsordnung einfügen.

Das wäre etwa der Unterschied. Vielleicht kann man vermuten oder sogar behaupten, daß die größeren kollektiven Gemeinschaften heute an die Stelle der an größere Familien gebundenen Einheiten früherer Zeit treten. Der Unterschied wäre dann nur, daß sie typisch nur in der früheren Oberschicht gewisse Dinge ersetzen und sich in den breiten Volksmassen an das anlehnen, was früher auch schon als Dorfgemeinschaft bestanden hat, die manchmal auch – zumindest dem Namen nach – einen Familiennamen hatte, weil sie ursprünglich einmal aus einer Großfamilie hervorgegangen war.

Herr Conrad: Sie sagten soeben, daß sich die Großfamilie in der Oberschicht länger erhalten hätte, während der Verfall in bäuerlichen Kreisen eher eingetreten sei. Wie ist das in den Städten gewesen?

Herr Grimm: Natürlich gab es die Städte, eine Frage übrigens, die in der herkömmlichen geschichts- und sozialwissenschaftlichen Forschung bisher unterbelichtet geblieben ist, die Stadt in China wurde bisher zu wenig im einzelnen untersucht. Handwerk und Handel hat es natürlich ebenso gegeben wie in Europa. Es kam schließlich auf den Reichtum an, der kleine Handwerker war in der Regel nicht in der Lage, 30 oder 40 Personen in einem Anwesen zusammenzuhalten, sehr wohl aber der reiche Händler, dem der Übergang zur anerkannten Rolle des grundbesitzenden Herrn in der Oberschicht leichter möglich war. Der reiche Händler und der Beamte arbeiteten viel enger zusammen, als das in der herkömmlichen konfuzianischen Literatur zugegeben worden ist; dem Konfuzianer war solches gewissermaßen peinlich. In der Stadt, heißt dies, war die Bildung von Großfamilien noch typischer die Folge von Reichtum. Davon getrennt zu halten ist die rituelle Einheit einer in einem Ahnenkult zusammengeschlossenen Großfamilie: Kennzeichen auch dies der landbesitzenden Oberschicht, ohne daß hier der Reichtum ausschlaggebend war.

Herr Conrad: Könnte für die Frage der Großfamilie auch das Vermögen eine gewisse Rolle gespielt haben? Es ist immer bei der Großfamilie entscheidend gewesen, daß Vermögen vorhanden war, das die Großfamilie stützte.

Herr Grimm: Natürlich. Hier könnte man vielleicht noch anschließen, daß dies gerade für den einzelnen wichtig war, der in ihr eine Stütze fand, wenn er etwa als Auslandsstudent nicht zurechtkam und Hilfe brauchte. In diesen Fällen konnte die Großfamilie aushelfen. Dies ist sogar ein wesentliches Element, das zur Konstitution der Großfamilie gehörte.

Herr Conrad: Es bestand also Unterhaltspflicht?

Herr Grimm: Ja, durchaus.

Herr Spellerberg: Herr Professor, mich interessiert im Anschluß an Ihr Referat eine sich für mich als Konsequenz zu stellende, politisch bedeutsame Frage. Wenn ich nämlich Ihren Ausführungen folge und mir vor Augen halte, daß heute das riesige Volk Chinas erstmals als „die geballte Kraft" auftritt, dann möchte ich Sie fragen, ob nicht dieses neue China oder das, was Sie vorhin als Antwort auf einen anderen Diskussionsbeitrag gesagt haben, nämlich das typisch Chinesische, was sich dabei herausbilden wird, auch eines Tages so ausstrahlen könnte, daß es die anderen asiatischen Völker, so beispielsweise Indien und Pakistan, völlig überschattet; mit anderen Worten: eine Anlehnung dieser Völker an China die natürliche Folge wäre und China selbst die alleinige, politisch dominierende Kraft Asiens werden könnte?

Sehen Sie das in der langfristigen Entwicklung so oder glauben Sie, Herr Professor, daß es aufgrund der starken und sehr verschieden gearteten Religionen im asiatischen Raum zu einer nachhaltig wirksamen Abkapselung der einzelnen Völker untereinander kommen wird?

Herr Grimm: Ich wollte nicht auf eine Hypothese der Abkapselung der Religion oder die Frage hinaus, ob das für die zukünftige Weltentwicklung gefährlich sei oder nicht. Diese Frage stand nicht zur Diskussion.

Herr Spellerberg: Nur als Konsequenz gedacht.

Herr Grimm: Als Konsequenz ist das durchaus denkbar, wenngleich ich die Einschränkung machen möchte, daß sich Vergleichbares nur dann durchsetzen läßt, wenn es in der betreffenden anderen Gesellschaft nach deren Grundbedingungen eingerichtet werden kann. In Indien kann nur ein indischer Kommunismus zum Zuge kommen, und die Verschiedenartigkeit etwa zu China wird sich nach meiner Überzeugung früher oder später äußern müssen. Das ist natürlich eine Projektion in die Zukunft, für die ich den Beweis schuldig bleiben muß. Auch im Falle Chinas bin ich noch keineswegs vollkommen abgesichert gegen eine marxistische Kritik dessen, was ich vorgetragen habe – sie ist hier noch nicht zu Wort gekommen. Sie würde mir etwa nachweisen wollen, daß letztlich das, was heute in China geschieht, vollkommen mit den Grundthesen erklärbar ist, die von Marx kommen und über Lenin weitergegangen sind. Ich würde auch dann versuchen, meinen Grundsatz zu behaupten, und auf das spezifisch Chinesische aufmerksam machen. Kollegen aus den osteuropäischen Ländern machen mir Mut dazu, denn sie stehen vor der Schwierigkeit, die neuen Phänomene in China zu erklären, und sie wenden sich an den Sinologen mit der Bitte, Antwort und Aufklärung zu geben.

Sie wollten nun speziell von mir wissen, ob ich meine, daß China ganz Asien erobern wird. Ich glaube das nicht, jedenfalls nicht in dem Sinne, wie wir es verstehen, so wie etwa das mongolische Weltreich zustande gekommen ist, wohl aber, daß es Anspruch darauf erhebt, die führende Macht Asiens zu sein.

Herr Bünger: Ich möchte ein Wort zur Familie sagen.

Man hat die Kleinfamilie in China schon sehr lange in 90 bis 95 % der Bevölkerung. Das hängt auch damit zusammen, daß es kein Mittel gab, ein Vermögen für lange Zeit zu schaffen, außer in Landbesitz. Das Erbrecht verlangte, daß spätestens in der zweiten Generation das gesamte Vermögen unter Kinder oder Enkel gleichmäßig geteilt werden mußte. Es konnte nicht wie bei uns der Älteste den ganzen Besitz bekommen. Daher auch die Zersplitterung des Vermögens.

Wir haben, wie Herr Grimm schon sagte, keine Bevölkerungszahlen, aber wir haben bis in die frühe Zeit Angaben über die Zahl der Familien, der Haushalte. Die Sinologen rechnen mit 4 1/2 bis 5 1/2 Personen pro Familie. Wir berechnen so die gesamte Bevölkerungszahl aufgrund der Zahlen über die Familie, die Haushalte.

Ich habe auch eine Frage: Warum ist der Kuomintang die erfolgreiche Einführung eines europäischen Rechtssystems nicht gelungen? Sie hatte doch den festen Willen, nach europäischem Muster einen Staat zu errichten und damit die Industrie zu fördern. Das ist schon ehe die Kuomintang das Festland verließ gescheitert. Hängt das vielleicht mit der Herrschaftsform zusammen? Bekanntlich gibt es für das deutsche Wort „Herrschaft" selbst im Englischen keinen Ausdruck, der völlig äquivalent ist. Ich glaube, Max Reinstein übersetzt es bei Max Weber immer mit „dominance". Andere haben ein anderes Wort gewählt, selten „rule".

Heute ist Mittel der Herrschaft bei uns in den westlichen Staaten – und ebenso in der Sowjetunion – das Gesetz. So ordnen wir beispielsweise an: Am 1. April geschieht dies im ganzen Land. Wir haben etwas ausgebildet, das man im Deutschen vielleicht Gesetzesgehorsam nennen könnte, „lawabiding", wie die Engländer sagen.

Das hat es in China in dieser Form nicht gegeben. Der Versuch, so etwas zu machen, ist erst von der Kuomintang unternommen worden. Es gab vorher umfangreiche Gesetze, die meist nur die Beamten angingen, das Volk aber so gut wie nicht. Wenn versucht wurde, „Zivilgesetze" einzuführen, ist dem die Gesellschaft nicht gefolgt. Die Gesellschaft war offenbar, politisch gesehen, eine Gewalt, eine Macht, die wir bei Vergleichen so einsetzen müssen, und zwar sowohl im Staatlichen als auch im Politischen. Wie es bei uns dazu gekommen ist, ob es erforderlich war, daß wir einen Feudalismus und einen Absolutismus hatten und dann die Französische Revolution – in dieser Zeit wurden erst die umfassenden Gesetzesbücher geschaffen –, das kann ich nicht ermessen. Im kommunistischen China jedenfalls hat man darauf verzichtet, so zu herrschen wie bei uns oder auch in Sowjetrußland, d. h. mit Gesetzeskodifikationen.

Es gibt dort so gut wie keine Gesetze. Gesetze, die die Beziehungen zwischen den Privaten, den einzelnen, regeln, gibt es nur auf einem Spezialgebiet, nämlich der Ehe, und zwar ganz früh, als man noch Rußland nachahmen wollte, aber auch da nur Rahmenprinzipien.

Die Kommunisten herrschen jetzt wieder so wie im früheren China. Sie gehen auch mit ihrer Verwaltungsorganisation nicht bis zum einzelnen, sondern lassen – ca. 82 % sind noch landwirtschaftlich – jetzt wieder den alten Gemeindebezirken weitgehende Autonomie; sie verlangen allerdings Abgaben.

Mir kommt es so vor, als ob sie eingesehen hätten, daß der Versuch der Kuomintang gescheitert ist. Man sagt sich vielleicht: Jetzt versuchen wir es einmal auf eine andere Weise; sie greifen nun wieder auf bewährte Mittel zurück: Ermahnungen, Aufforderungen oder wie man es nennen will.

Man fordert die Menschen auf, man überzeugt sie von innen her. Ein Amerikaner hat es einmal so ausgedrückt, daß sie von innen und nicht von oben herrschen. Es ist eine unangenehme Sache, daß man erst überzeugt sein soll, aber es ist so.

Daraus ergeben sich natürlich auch für das internationale Recht Perspektiven. Ähnliches besteht nämlich in ganz Ost- und Südostasien; keine Anordnung wurde befehlsmäßig wie bei uns bis zu dem einzelnen auf dem Lande weitergegeben. Sie haben dies, Herr Grimm, mit den Worten angedeutet: Mißtrauen gegen direkte Herrschaft. Sie haben es nicht näher erläutert, aber ich glaube, daß das dahintersteckt. Meinen Sie das auch?

Herr Grimm: Ja, ich darf das bestätigen und vielleicht auch ergänzen. Sie leugnen ja nicht, daß es Strafgesetze gibt.

Herr Bünger: Die gab es immer.

Herr Grimm: So auch im kommunistischen China. Bestätigen kann man das auch an dem Beispiel der jüngsten Vorgänge. Wenn ich es recht sehe, dann ist die Parteigruppe, die ausgeschaltet worden ist, eine solche gewesen, die versucht hat, durch Ordnung und wohl auch gesetzliche Bestimmungen das Ganze in einen der modernen Entwicklung besser passenden Rahmen zu fügen, und sie ist damit gescheitert. Immerhin ist das ein Grund mit, wie ich meine, der die Verwicklungen herbeigeführt hat, also gleichsam ein zweiter Versuch, der ebensowenig wie bei dem der Kuomintang weiterkam.

Herr Bünger: Und im Militärischen Verzicht auf Befehl. Das ist für mich unerklärlich. Haben Sie eine Erklärung dafür?

Herr Grimm: Ich weiß nicht, ob das so zutrifft.

Herr Bünger: Es wird ein Auftrag gegeben, aber kein Befehl.

Herr Grimm: Ich bin mir da nicht ganz sicher. Sicher ist aber, daß jetzt in einem größeren Rahmen die tatsächliche Herrschaftsform durch das Militär ausgeübt wird und daß es eine stark regional betonte ist – daran gibt es keinen Zweifel. Die größeren Teilverbände haben ein Zusammengehörigkeitsgefühl aus alter Kameraderie, das heißt aus Zeiten des Bürgerkrieges und des Zweiten Weltkrieges. Das ist ein ganz altes chinesisches Phänomen, das eine bestimmte Gruppe miteinander verbindet, in diesem Falle also der gemeinsame Dienst oder auch Kriegsdienst in einer Einheit – das können auch wir nachvollziehen. Es hat eben politische Wirkungen für eine spätere Zeit, wenn diese selben Personen dann in höheren Positionen sind. Das scheint der augenblickliche Stand der Herrschaftsverhältnisse in China zu sein.

Im einzelnen glaube ich jedoch nicht, daß ein Kommandeur ohne Befehle auskommt.

Herr Bünger: Ich kann es mir in der Praxis auch nicht vorstellen.

Herr Weizel: Wenn ich Sie recht verstanden habe, dann sagten Sie, daß es ein wesentliches spezifisch genetisch-geistiges Substrat gebe, das wahrscheinlich auch die Kulturrevolution überstehen und den künftigen chinesischen Kommunismus prägen werde.

Dieses Substrat bestand in der Vergangenheit in der Philosophie, der Ästhetik und der Ethik, aber einer Philosophie, Ästhetik und Ehtik der Oberschicht. Ich will nicht gerade hinzufügen: wahrscheinlich ein Produkt dieser Oberschicht unter den dortigen gesellschaftlichen Verhältnissen.

Wenn jetzt dieses geistige Substrat abgebaut wird, das nach wie vor in der chinesischen Bevölkerung vorhanden ist, wobei aber die ehemalige Oberschicht nur einen winzigen Bruchteil darstellt und die bäuerliche Bevölkerung an diesem geistigen Substrat wahrscheinlich nur in einer äußerlichen Weise durch Gewohnheit teilgenommen hat, und wenn noch einige Generationen darüber vergehen, kann man dann damit rechnen, daß immer noch ein gemeinsames spezifisch geistiges chinesisches Substrat übrigbleiben wird? Ist nicht vielmehr damit zu rechnen, daß eine Entwicklung unter ganz verschiedenen sozialen und wirtschaftlichen Verhältnissen dort in der Zukunft eintritt und verschiedenartige geistige Substrate entwickelt werden? Gibt es ein solch gemeinsames, die Geschichte überstehendes geistiges Substrat in China?

Herr Grimm: Es geht hier in der Tat um den Kern des Themas. Die Idee freilich war es, daß das Substrat gerade nicht in der Oberschicht fixiert, sondern im Ganzen der Gesellschaft verankert sein soll. Insofern handelt es sich auch nicht um etwas, das die Kulturrevolution überstehen müßte, sondern es kommt in ihr wieder deutlicher zum Vorschein, ist also ein erkennbares und nachprüfbares Gegenwartsphänomen. Nun ist allerdings vieles von dem, was ich genannt habe, oberschichtlich auf Philosophie und religiöse Spekulationen angelegt. Ich wollte das nur nicht darauf beschränkt wissen, sondern das Wesentliche wäre ja gerade unterhalb dieser Schicht zu suchen, wenngleich ich nicht leugnen will, daß es hier Wechselwirkungen gegeben hat.

Ich will also etwa auf eine ethische Voreingenommenheit hinaus, nicht auf die Kindesliebe als einzelnen Wert, sondern auf die in Jahrtausenden gewachsene Erfahrung und Bereitwilligkeit, daß zuallererst zwischen den Menschen eine Ordnung sei; das ist ein viel allgemeinerer Gesichtspunkt als die speziellen Wertsetzungen, die sich mit einzelnen Begriffen benennen ließen.

Und was soeben zur Sprache gekommen ist, nämlich das latente Mißtrauen gegen Herrschaft, ist nun gerade nicht etwas der Oberschicht Zugehöriges, sondern weit in der Masse der Bevölkerung angelegt.

Herr Weizel: Das kann aber durch die jeweiligen Herrschaften hervorgerufen werden.

Herr Grimm: Gewiß, aber da es das in 2000, 3000 Jahren Herrschaft gegeben hat, ist dies zu einem Merkmal chinesischen Kulturausdrucks geworden. Ob solches schon vererbbar sei, ist schwer zu beantworten. Immerhin ist es bis jetzt so tief verwurzelt gewesen, daß es bis zum heutigen Tage als ein wichtiges Element chinesischen Verhaltens erkennbar geblieben ist.

Veröffentlichungen der Arbeitsgemeinschaft für Forschung des Landes Nordrhein-Westfalen jetzt der Rheinisch-Westfälischen Akademie der Wissenschaften

Neuerscheinungen 1965 bis 1971

Vorträge G Heft Nr.		GEISTESWISSENSCHAFTEN
61	*Ulrich Scheuner, Bonn*	Die Neutralität im heutigen Völkerrecht
101	*Ivor Jennings†, Cambridge (England)*	Die Umwandlung von Geschichte in Gesetz
120	*Eleanor von Erdberg-Consten, Aachen*	Kunst und Religion in Indien, China und Japan
122	*Franz Wieacker, Göttingen*	Zum heutigen Stand der Naturrechtsdiskussion
123	*Bernhard Kötting, Münster*	Der frühchristliche Reliquienkult und die Bestattung im Kirchengebäude
124	*Günther Stökl, Köln*	Das Bild des Abendlandes in den altrussischen Chroniken
125	*Joseph Höffner, Münster*	Selbstverständnis und Perspektiven des Zweiten Vatikanischen Konzils
126	*Jost Trier†, Münster*	Wortgeschichten aus alten Gemeinden
127	*Herbert Dieckmann, Cambridge (USA)*	Die künstlerische Form des Rêve de D'Alembert
128	*Hans Welzel, Bonn*	An den Grenzen des Rechts. Die Frage nach der Rechtsgeltung
129	*Paul Mikat, Düsseldorf*	Das Verhältnis von Kirche und Staat im Lande Nordrhein-Westfalen in Geschichte und Gegenwart
130	*Ernst Langlotz, Bonn*	Die kulturelle und künstlerische Hellenisierung der Küsten des Mittelmeers durch die Stadt Phokaia
131	*Harry Westermann, Münster*	Das Verhältnis zwischen Bergbau und öffentlichen Verkehrsanstalten als Gegenstand richterlicher und gesetzgeberischer Bewertung
132	*Werner Schulemann, Bonn*	Die Kunst Zentralasiens als Ausdrucksform religiösen Denkens
	Walther Heissig, Bonn	Tibet und die Mongolei als literarische Provinzen
133	*Tilemann Grimm, Bochum*	China und Südostasien in Geschichte und Gegenwart
134	*Peter Berghaus und Karl Schneider, Münster*	Anglo-friesische Runensolidi im Lichte des Neufundes von Schweindorf (Ostfriesland)
135	*Benno von Wiese, Bonn*	Goethe und Schiller im wechselseitigen Vor-Urteil
136	*Gotthard Günther, University of Illinois (USA)*	Logik, Zeit, Emanation und Evolution
137	*Karl Heinrich Rengstorf, Münster*	Die Re-Investitur des Verlorenen Sohnes in der Gleichniserzählung Jesu Luk. 15, 11-32
138	*Gerhard Gloege†, Bonn*	Die Todesstrafe als theologisches Problem
139	*Joseph Ratzinger, Tübingen*	Das Problem der Dogmengeschichte in der Sicht der katholischen Theologie
140	*Herbert von Einem, Bonn*	Masaccios „Zinsgroschen"
141	*Karl Gustav Fellerer, Köln*	Klang und Struktur in der abendländischen Musik
142	*Joh. Leo Weisgerber, Bonn*	Die Sprachgemeinschaft als Gegenstand sprachwissenschaftlicher Forschung
143	*Wilhelm Ebel, Göttingen*	Lübisches Recht im Ostseeraum
144	*Albrecht Dihle, Köln*	Der Kanon der zwei Tugenden
145	*Heinz-Dietrich Wendland, Münster*	Die Ökumenische Bewegung und das II. Vatikanische Konzil

146	*Hubert Jedin, Bonn*	Vaticanum II und Tridentinum
147	*Helmut Schelsky, Münster*	Schwerpunktbildung der Forschung in einem Lande
	Ludwig E. Feinendegen, Jülich	Forschungszusammenarbeit benachbarter Disziplinen am Beispiel der Lebenswissenschaften in ihrem Zusammenhang mit dem Atomgebiet
148	*Herbert von Einem, Bonn*	Die Tragödie der Karlsfresken Alfred Rethels
149	*Carl A. Willemsen, Bonn*	Die Bauten der Hohenstaufen in Süditalien. Neue Grabungs- und Forschungsergebnisse
150	*Hans Flasche, Hamburg*	Die Struktur des Auto Sacramental „Los Encantos de la Culpa" von Calderón Antiker Mythos in christlicher Umprägung
151	*Joseph Henninger, Bonn*	Über Lebensraum und Lebensformen der Frühsemiten
152	*François Seydoux de Clausonne, Bonn*	Betrachtungen über die deutsch-französischen Beziehungen von Briand bis de Gaulle
153	*Günter Kahle, Köln*	Bartolomé de las Casas
154	*Johannes Holthusen, Bochum*	Prinzipien der Komposition und des Erzählens bei Dostojevskij
155	*Paul Mikat, Düsseldorf*	Die Bedeutung der Begriffe Stasis und Aponoia für das Verständnis des 1. Clemensbriefes
156	*Dieter Nörr, Münster*	Die Entstehung der *longi temporis praescriptio.* Studien zum Einfluß der Zeit im Recht und zur Rechtspolitik in der Kaiserzeit
157	*Theodor Schieder, Köln*	Zum Problem des Staatenpluralismus in der modernen Welt
158	*Ludwig Landgrebe, Köln*	Über einige Grundfragen der Philosophie der Politik
159	*Hans Erich Stier, Münster*	Die geschichtliche Bedeutung des Hellenennamens
160	*Friedrich Halstenberg, Düsseldorf*	Nordrhein-Westfalen im nordwesteuropäischen Raum: Aufgaben und Probleme gemeinsamer Planung und Entwicklung
161	*Wilhelm Hennis, Freiburg i. Br.*	Demokratisierung — Zur Problematik eines Begriffs
162	*Günter Stratenwerth, Basel*	Leitprinzipien der Strafrechtsreform
	Hans Schulz, Bern	Kriminalpolitische Aspekte der Strafrechtsreform
163	*Rüdiger Schott, Münster*	Aus Leben und Dichtung eines westafrikanischen Bauernvolkes — Ergebnisse völkerkundlicher Forschungen bei den Bulsa in Nord-Ghana 1966/67
164	*Arno Esch, Bonn*	James Joyce und sein *Ulysses*
165	*Edward J. M. Kroker, Königstein*	Die Strafe im chinesischen Recht
166	*Max Braubach, Bonn*	Beethovens Abschied von Bonn
167	*Erich Dinkler, Heidelberg*	Der Einzug in Jerusalem. Ikonographische Untersuchungen im Anschluß an ein bisher unbekanntes Sarkophagfragment Mit einem epigraphischen Beitrag von Hugo Brandenburg
168	*Gustaf Wingren, Lund*	Martin Luther in zwei Funktionen
169	*Herbert von Einem, Bonn*	Das Programm der Stanza della Segnatura im Vatikan
170	*Hans-Georg Gadamer, Heidelberg*	Die Begriffsgeschichte und die Sprache der Philosophie
171	*Theodor Kraus, Köln*	Die Gemeinde und ihr Territorium — Fünf Gemeinden der Niederrheinlande in geographischer Sicht
173		Jahresfeier am 10. Mai 1971
	Hermann Conrad, Bonn	Staatsgedanke und Staatspraxis des aufgeklärten Absolutismus
174	*Tilemann Grimm, Bochum*	Chinas Traditionen im Umbruch der Zeit
175	*Hans Erich Stier, Münster*	Der Untergang der klassischen Demokratie

WISSENSCHAFTLICHE ABHANDLUNGEN

WA Band Nr.		
9	*Harry Westermann, Münster*	Welche gesetzlichen Maßnahmen zur Luftreinhaltung und zur Verbesserung des Nachbarrechts sind erforderlich?
10	*Hermann Conrad und Gerd Kleinheyer, Bonn*	Vorträge über Recht und Staat von Carl Gottlieb Svarez (1746–1798)
11	*Georg Schreiber †, Münster*	Die Wochentage im Erlebnis der Ostkirche und des christlichen Abendlandes
12	*Günther Bandmann, Bonn*	Melancholie und Musik. Ikonographische Studien
13	*Wilhelm Goerdt, Münster*	Fragen der Philosophie. Ein Materialbeitrag zur Erforschung der Sowjetphilosophie im Spiegel der Zeitschrift „Voprosy Filosofii" 1947–1956
14	*Anton Moortgat, Berlin*	Tell Chuēra in Nordost-Syrien. Vorläufiger Bericht über die Grabung 1958
15	*Gerd Dicke, Krefeld*	Der Identitätsgedanke bei Feuerbach und Marx
16a	*Helmut Gipper, Bonn, und Hans Schwarz, Münster*	Bibliographisches Handbuch zur Sprachinhaltsforschung, Teil I. Schrifttum zur Sprachinhaltsforschung in alphabetischer Folge nach Verfassern — mit Besprechungen und Inhaltshinweisen (Erscheint in Lieferungen: bisher Bd. I, Lfg. 1–7; Lfg. 8–14)
17	*Thea Buyken, Bonn*	Das römische Recht in den Constitutionen von Melfi
18	*Lee E. Farr, Brookhaven, Hugo Wilhelm Knipping, Köln, und William H. Lewis, New York*	Nuklearmedizin in der Klinik. Symposion in Köln und Jülich unter besonderer Berücksichtigung der Krebs- und Kreislaufkrankheiten
19	*Hans Schwippert, Düsseldorf, Volker Aschoff, Aachen, u. a.*	Das Karl-Arnold-Haus. Haus der Wissenschaften der Arbeitsgemeinschaft für Forschung des Landes Nordrhein-Westfalen in Düsseldorf. Planungs- und Bauberichte (Herausgegeben von Leo Brandt, Düsseldorf)
20	*Theodor Schieder, Köln*	Das deutsche Kaiserreich von 1871 als Nationalstaat
21	*Georg Schreiber †, Münster*	Der Bergbau in Geschichte, Ethos und Sakralkultur
22	*Max Braubach, Bonn*	Die Geheimdiplomatie des Prinzen Eugen von Savoyen
23	*Walter F. Schirmer, Bonn, und Ulrich Broich, Göttingen*	Studien zum literarischen Patronat im England des 12. Jahrhunderts
24	*Anton Moortgat, Berlin*	Tell Chuēra in Nordost-Syrien. Vorläufiger Bericht über die dritte Grabungskampagne 1960
25	*Margarete Newels, Bonn*	Poetica de Aristoteles traducida de latin. Ilustrada y comentada por Juan Pablo Martir Rizo (erste kritische Ausgabe des spanischen Textes)
26	*Vilho Niitemaa, Turku, Pentti Renvall, Helsinki, Erich Kunze, Helsinki, und Oscar Nikula, Åbo*	Finnland — gestern und heute
27	*Ahasver von Brandt, Heidelberg, Paul Johansen, Hamburg, Hans van Werveke, Gent, Kjell Kumlien, Stockholm, Hermann Kellenbenz, Köln*	Die Deutsche Hanse als Mittler zwischen Ost und West
28	*Hermann Conrad, Gerd Kleinheyer, Thea Buyken und Martin Herold, Bonn*	Recht und Verfassung des Reiches in der Zeit Maria Theresias Die Vorträge zum Unterricht des Erzherzogs Joseph im Natur- und Völkerrecht sowie im Deutschen Staats- und Lehnrecht
29	*Erich Dinkler, Heidelberg*	Das Apsismosaik von S. Apollinare in Classe
30	*Walther Hubatsch, Bonn, Bernhard Stasiewski, Bonn, Reinhard Wittram, Göttingen, Ludwig Petry, Mainz, und Erich Keyser, Marburg (Lahn)*	Deutsche Universitäten und Hochschulen im Osten
31	*Anton Moortgat, Berlin*	Tell Chuēra in Nordost-Syrien. Bericht über die vierte Grabungskampagne 1963
32	*Albrecht Dihle, Köln*	Umstrittene Daten. Untersuchungen zum Auftreten der Griechen am Roten Meer

33	*Heinrich Behnke und Klaus Kopfermann (Hrsgb.), Münster*	Festschrift zur Gedächtnisfeier für Karl Weierstraß 1815–1965
34	*Joh. Leo Weisgerber, Bonn*	Die Namen der Ubier
35	*Otto Sandrock, Bonn*	Zur ergänzenden Vertragsauslegung im materiellen und internationalen Schuldvertragsrecht. Methodologische Untersuchungen zur Rechtsquellenlehre im Schuldvertragsrecht
36	*Iselin Gundermann, Bonn*	Untersuchungen zum Gebetbüchlein der Herzogin Dorothea von Preußen
37	*Ulrich Eisenhardt, Bonn*	Die weltliche Gerichtsbarkeit der Offizialate in Köln, Bonn und Werl im 18. Jahrhundert
38	*Max Braubach, Bonn*	Bonner Professoren und Studenten in den Revolutionsjahren 1848/49
39	*Henning Bock (Bearb.), Berlin*	Adolf von Hildebrand Gesammelte Schriften zur Kunst
40	*Geo Widengren, Uppsala*	Der Feudalismus im alten Iran
41	*Albrecht Dihle, Köln*	Homer-Probleme
42	*Frank Reuter, Erlangen*	Funkmeß. Die Entwicklung und der Einsatz des RADAR-Verfahrens in Deutschland bis zum Ende des Zweiten Weltkrieges
44	*Reiner Haussherr, Bonn*	Michelangelos Kruzifixus für Vittoria Colonna. Bemerkungen zu Ikonographie und theologischer Deutung
45	*Gerd Kleinheyer, Regensburg*	Zur Rechtsgestalt von Akkusationsprozeß und peinlicher Frage im frühen 17. Jahrhundert. Ein Regensburger Anklageprozeß vor dem Reichshofrat. Anhang: Der Statt Regenspurg Peinliche Gerichtsordnung
46	*Heinrich Lausberg, Münster*	Das Sonett *Les Grenades* von Paul Valéry
47	*Jochen Schröder, Bonn*	Internationale Zuständigkeit. Entwurf eines Systems von Zuständigkeitsinteressen im zwischenstaatlichen Privatverfahrensrecht aufgrund rechtshistorischer, rechtsvergleichender und rechtspolitischer Betrachtungen

Sonderreihe
PAPYROLOGICA COLONIENSIA

Vol. I *Aloys Kehl, Köln*	Der Psalmenkommentar von Tura, Quaternio IX (Pap. Colon. Theol. 1)
Vol. II *Erich Lüddeckens, Würzburg* *P. Angelicus Kropp O. P., Klausen* *Alfred Hermann und Manfred Weber, Köln*	Demotische und Koptische Texte
Vol. III *Stephanie West, Oxford*	The Ptolemaic Papyri of Homer
Vol. IV *Ursula Hagedorn und Dieter Hagedorn, Köln, Louise C. Youtie und Herbert C. Youtie, Ann Arbor (Hrsgb.)*	Das Archiv des Petaus (P. Petaus)

SONDERVERÖFFENTLICHUNGEN

Herausgeber: Der Ministerpräsident und der Minister für Wissenschaft und Forschung des Landes Nordrhein-Westfalen – Landesamt für Forschung –	Jahrbuch 1963, 1964, 1965, 1966, 1967, 1968, 1969 und 1970 des Landesamtes für Forschung

Verzeichnisse sämtlicher Veröffentlichungen der Arbeitsgemeinschaft für Forschung des Landes Nordrhein-Westfalen, jetzt der Rheinisch-Westfälischen Akademie der Wissenschaften, können beim Westdeutschen Verlag GmbH, 567 Opladen, Ophovener Str. 1–3, angefordert werden.

GPSR Compliance

The European Union's (EU) General Product Safety Regulation (GPSR) is a set of rules that requires consumer products to be safe and our obligations to ensure this.

If you have any concerns about our products, you can contact us on ProductSafety@springernature.com

In case Publisher is established outside the EU, the EU authorized representative is:

Springer Nature Customer Service Center GmbH
Europaplatz 3
69115 Heidelberg, Germany

Batch number: 10809636

Printed by Printforce, the Netherlands